DESAPRENDER

Últimos títulos publicados en esta colección:

MIGUEL ÁNGEL ÁLVAREZ DE MON

DESAPRENDER

Rompe con los automatismos y recupera la calma
en un mundo hiperconectado

PAIDÓS Divulgación

1.ª edición, mayo de 2026

La lectura abre horizontes, iguala oportunidades y construye una sociedad mejor.
La propiedad intelectual es clave en la creación de contenidos culturales porque sostiene
el ecosistema de quienes escriben y de nuestras librerías.
Al comprar este libro estarás contribuyendo a mantener dicho ecosistema vivo y
en crecimiento.
En **Grupo Planeta** agradecemos que nos ayudes a apoyar así la autonomía creativa
de autoras y autores para que puedan seguir desempeñando su labor.
Dirígete a CEDRO (Centro Español de Derechos Reprográficos) si necesitas fotocopiar,
escanear, distribuir o poner a disposición algún fragmento de esta obra (www.cedro.org;
91 702 19 70 / 93 272 04 45).

Queda expresamente prohibida la utilización o reproducción de este libro o de cualquiera
de sus partes con el propósito de entrenar o alimentar sistemas o tecnologías de
inteligencia artificial.

© Miguel Ángel Álvarez de Mon González, 2026
© de todas las ediciones en castellano,
Editorial Planeta, S. A., 2026
Paidós es un sello editorial de Editorial Planeta, S. A.
Avda. Diagonal, 662-664
08034 Barcelona, España
www.paidos.com
www.planetadelibros.com

ISBN: 978-84-493-4543-2
Fotocomposición: Realización Planeta
Depósito legal: B. 25.074-2026

Impreso en España – *Printed in Spain*

PEFC Certificado

Este libro procede de
bosques gestionados
de forma sostenible

PEFC

PEFC/14-38-00305   www.pefc.es

*A Edurne, mi hermana, por empujarme
a escribir este libro.
A María, mi mujer, por ilusionarse conmigo
y trasmitirme confianza desde el principio.
Y a mi familia, por ser mis primeros lectores.
Son tantos los familiares que me han apoyado
que no los puedo mencionar a todos,
pero me siento muy privilegiado de tenerlos en mi vida.*

SUMARIO

ELOGIO AL DESAPRENDIZAJE
Por Rosa Molina

Hay épocas en las que *avanzar* podría dejar de ser sinónimo de *progreso*, especialmente cuando el avance lo hacemos sin pausa, sin orientación y sin conciencia del coste. La nuestra parece una de ellas, como si confundiésemos velocidad con vitalidad, acumulación con felicidad y estimulación constante con sentido o propósito de vida. El problema entonces no sería tanto el movimiento, sino la inercia, la que nos lleva a una incapacidad para detenernos a revisar hacia dónde vamos. Quizá por eso, junto a tantos logros incuestionables —hoy mueren menos personas por VIH que hace apenas unas décadas, determinados cánceres se detectan antes y se tratan mejor, la mortalidad infantil ha descendido de forma drástica...— asistimos también a nuevas formas de malestar, cansancio y desorientación. A veces, para avanzar de verdad, no es necesario acelerar más, sino aprender a detenerse y, llegado el caso, a desaprender, como plantea el doctor Álvarez de Mon en este libro.

En la clínica psiquiátrica asistimos, con cierta fascinación y preocupación al mismo tiempo, a la proliferación de estados de un malestar difuso que no responden a los criterios de trastornos que habitualmente usamos en clínica, pero cada vez son más frecuentes: cansancio mental persistente, dificultad de concentración, irritabilidad, sensación de vacío, de agotamiento, incapacidad para disfrutar o apreciar lo sencillo de la experiencia cotidiana... No es que la mente esté enferma, es que con frecuencia está sobrecargada.

Quizá el rasgo más distintivo de nuestro tiempo no sea la ansiedad ni la tristeza, sino la saturación o el «empacho» cognitivo. En términos neurocientíficos podríamos llamarlo «el colapso de la función ejecutiva», una de las capacidades más vulnerables en este contexto y, además, aquella que —en apalabras de Elkhonon Goldberg— actúa como el director de orquesta del funcionamiento mental. Cuando esta función falla, el impacto se extiende inevitablemente al resto: la atención se dispersa, la concentración se resiente y la memoria se vuelve frágil. La acumulación constante de estímulos, información, opciones, decisiones y tareas simultáneas tiene un coste mental, psicológico y físico considerable. Incluso el bienestar parece haberse vuelto excesivo: estamos saturados, paradójicamente, de discursos sobre salud mental. Nunca habíamos hablado tanto de ella y, sin embargo, rara vez nos detenemos a preguntarnos si el marco vital que hemos construido es compatible con una mente que, para funcionar y cuidar de sí, necesita silencio y profundidad.

Este libro nos pone de frente a diversos retos de nuestra época y propone una mirada que significa revisar, echar la mirada atrás y desaprender. No en el sentido de regresar a un pasado idealizado, sino como ejercicio de revisión, de pausa y de toma de distancia, de interrumpir la inercia. Supone preguntarse no solo hacia dónde vamos, sino por qué y a qué precio.

Hemos aprendido que «la vida solo se vive una vez», que no admite ensayos: es un círculo trazado a mano al primer intento, sin posibilidad de rectificaciones. Sin embargo, desde el punto de vista psicológico, esta afirmación resulta engañosa. El ser humano posee una capacidad singular para proyectarse hacia el futuro utilizando sus experiencias y vivencias del pasado. En esa anticipación —que algunos neurocientíficos, como David Ingvar, han descrito como «recuerdos del futuro»—, no solo evocamos, sino que también ensayamos mentalmente lo que aún no ha sucedido. Y precisamente esta capacidad prospectiva constituye una forma de aprendizaje indirecto que nos protege del desgaste de tener que experimentarlo todo de manera literal. ¿Qué ha pasado para que la reflexión y la anticipación, tan valiosas desde el punto de vista psicológico, hayan sido desplazadas por la urgencia de vivirlo todo en primera persona?

La cultura contemporánea parece haber convertido la experiencia en un imperativo: hay que probar, sentir, consumir sin parar y experimentarlo todo. No hacerlo equivale, en cierto modo, a quedar fuera, a vivir una vida mal aprovechada. Esta lógica, sin embargo, parte de una premisa engañosa: la idea de que la capacidad humana para el placer, la atención y el asombro es ilimitada. Pero, cuando todo es intenso, nada lo es de verdad. La exposición constante a lo que se ha llamado estímulos supernormales —aquellos que existen en la naturaleza pero que han sido amplificados, acelerados o concentrados hasta niveles inéditos— se ha vuelto la norma. Pensemos en un *brownie* de chocolate con suflé fundido, helado de vainilla y escamas de sal; en la comida ultraprocesada diseñada para activar el paladar o en las pantallas que ofrecen imágenes cada vez más impactantes, brillantes y rápidas.

Estos estímulos pueden distorsionar la experiencia. Al elevar de forma sostenida el umbral de activación, terminan por «bajarle el volumen» a lo cotidiano: lo sencillo, lo lento y lo previsible pasan a percibirse y a sonar aburridos y anodinos. El resultado no es una mayor intensidad vital, sino una progresiva pérdida de capacidad para disfrutar y entender o conmovernos ante aquello que, durante nuestra evolución, fue suficiente.

El cerebro, expuesto a esta sobreexcitación continua, se adapta, se habitúa y necesita cada vez más para sentir lo mismo. Y cuando no lo obtiene, aparece la sensación de vacío. Para algunas personas, los estímulos supernormales se convierten en un recurso de búsqueda, un intento de llenar un vacío preexistente, de apagar una sensación de desasosiego. Y entonces la paradoja se intensifica: cuanto más se consumen, más se eleva el umbral de activación, más se anestesia lo cotidiano y más se amplifica el vacío que se pretendía aliviar. Lo esencial queda así desplazado por el ruido.

El ruido como protagonista omnipresente de nuestra época, ya sea en forma de sobrecarga informativa, estimulación sensorial constante o saturación emocional. Este ruido distorsiona nuestra percepción de la realidad y aumenta nuestra carga mental.

Las redes sociales, campo en el que junto al autor hemos realizado diversas publicaciones científicas, intensifican este fenómeno, no porque sean intrínsecamente nocivas, sino porque actúan como dispositivos que amplifican la experiencia de ruido. En ellas la comparación es permanente. La vida de los demás —editada, filtrada, optimizada— se convierte en elemento de comparación. Los modelos de vidas inalcanzables o los ideales estéticos ya no provienen solo de celebridades lejanas, sino de personas corrientes que aparecen en nuestro móvil como si fueran pares, haciendo la comparación más constante e inevitable. Y esa comparación, sostenida en el tiempo, puede erosionar la relación con nosotros mismos, con el otro y con el mundo.

Frente a la fluidez constante, este libro reivindica lo sólido y la posibilidad de continuidad. Vínculos que resisten la incomodidad, compromisos que no se disuelven a la primera dificultad, elecciones que no se revisan cada día. Quizá parte de la soledad contemporánea no tenga que ver con la falta de contactos, sino con la ausencia de anclajes. El doctor Álvarez de Mon propone una reflexión sobre la sobriedad y el arte de no experimentarlo todo. De aceptar que no todo lo posible es necesario, que no toda oferta merece una respuesta. Porque como afirma nuestro amigo en común, el psiquiatra Luis Gutiérrez Rojas, la libertad no implica disponibilidad de elección permanente; la libertad también tiene que ver con la sobriedad, con el esfuerzo, con la disciplina y con la capacidad de decir «no» sin sentirnos culpables. Con la capacidad de sostener una vida sin necesidad de estímulos constantes, sin depender de la intensidad como prueba de existencia.

Desaprender se presenta aquí como una tarea central. Desaprender ideas simplistas sobre la felicidad, sobre el éxito, sobre la optimización constante, para recuperar espacio mental, para permitir que algo distinto ocurra. No se trata de vivir menos, sino de vivir con más conciencia o con más pausa.

Este manual que tienes entre manos no ofrece respuestas cerradas, no propone recetas únicas; plantea preguntas y nos invita a cuestionarnos. Quizá desaprender no sea un retroceso ni una anomalía, sino un gesto olvidado. En la infancia, muchos lo entendimos de forma intuitiva. Aquellos cochecitos de juguete que se empujaban hacia atrás no retrocedían para huir, sino para acumular energía. Solo después de ese breve retroceso podían avanzar con fuerza, velocidad y dirección.

Algo similar sucede en la vida: para seguir avanzando, a veces es necesario detenerse, revisar y retroceder unos pasos. No para instalarse en el pasado, sino para tomar impulso. Para liberar energía atrapada en la inercia, en el ruido y en el exceso. Para recordar hacia dónde queríamos ir antes de empezar a correr sin saber muy bien por qué.

Tal vez no se trate de hacer más, de vivir más intensamente ni de experimentar todo lo posible. Tal vez se trate de elegir mejor, de recuperar una relación más sobria y consciente con el tiempo, con los estímulos, con los otros y con uno mismo. De aceptar que no todo avance es progreso y que no todo desaprendizaje es pérdida.

Porque quizá, en un mundo que nos exige velocidad constante, la respuesta no sea correr más deprisa, sino aprender a tomar impulso, como nos invita a pensar en este libro el doctor Álvarez de Mon.

Introducción
POR QUÉ ESCRIBÍ
DESAPRENDER

Quiero explicar que este libro no nació de una idea brillante, ni de una intuición repentina ni de un impulso. *Desaprender* es, más bien, el fruto de una reflexión sostenida sobre varios hábitos y realidades de la vida actual que no me acaban de cuadrar. Me preocupan el *multitasking*, la sensación de urgencia con la que vivimos, el uso compulsivo de las redes sociales, la aceptación social −cada vez mayor− del cannabis, el problema creciente de la soledad o el exceso de pesimismo que percibo en las noticias.

Además, este libro es el resultado de conversaciones con muchas personas, pero hubo tres que fueron decisivas para empujarme a escribirlo: Rosa Molina, Luis Gutiérrez Rojas y Miguel Ángel Martínez-González. A Rosa Molina, autora del prólogo de este libro, la conocí hace unos años a través de las redes sociales. Desde entonces hemos colaborado en múltiples proyectos e iniciativas y, con el tiempo, esa relación profesional se ha convertido también en amistad. Su estilo de divulgación siempre me ha gustado porque combina cercanía con rigor. Muchas de las conversaciones que hemos tenido durante estos años han ido sedimentando ideas que, de un modo u otro, han encontrado su lugar en estas páginas. Miguel Ángel Martínez-González fue profesor mío en la Facultad de Medicina, pero entramos verdaderamente en contacto más tarde, con motivo del ensayo clínico UNATI. Miguel Ángel encarna el rigor científico: es uno de los investigadores más prestigiosos del mundo en su campo y ha sido reconocido con numerosos premios, entre ellos el Premio Nacional de Investigación Gregorio Marañón en Medicina (2022). Además, ha escrito varios libros de divulgación a lo largo de su vida, y sus consejos me mostraron que la divulgación no tiene por qué estar reñida con la exigencia científica. Por su parte, Luis también me animó hace ya un par de años a escribir un libro de estas características. Su mirada, a la vez clínica y profundamente humana, y su manera de digerir lo complejo sin banalizarlo me ayudaron a entender que quizá merecía la pena intentarlo.

CUANDO LO NORMAL DEJA DE SER SANO

Hay una idea central que atraviesa todo *Desaprender* y que, en el fondo, explica por qué sentí la necesidad de escribirlo: no todo lo que se ha normalizado en nuestra cultura es saludable.

Por ejemplo, hemos normalizado el *multitasking*. Cada vez son más los estudiantes universitarios que toman apuntes con el ordenador. De hecho, hoy son mayoría. Sin embargo, hay estudios científicos que demuestran que tomar apuntes a mano puede ser más beneficioso en múltiples aspectos. Hemos asumido que usar ordenadores en clase es señal de progreso cuando, quizá, no lo sea en todos los contextos. Yo mismo lo noto: cuando asisto a congresos o a sesiones de formación, las aprovecho menos si saco el ordenador, porque me distraigo con facilidad.

Soy plenamente consciente de que esto puede sonar contracultural, pero pienso de verdad que a la tecnología hay que ponerle límites y que deberíamos estudiar con más rigor si el uso de ordenadores en las aulas de colegios y universidades es lo mejor para el aprendizaje. Evidentemente, la tecnología es necesaria, pero quizá haya que reservar espacios —o franjas de tiempo— deliberadamente libres de ella. En el libro desarrollo varios argumentos a favor de este equilibrio.

También pienso que la disponibilidad total de internet las veinticuatro horas del día ha hecho que vivamos con una sensación de urgencia que quizá no sea necesaria. Nos impacientamos —yo el primero— si alguien no nos contesta un WhatsApp en unas horas. Parece que todo es «para ya», incluso lo que no lo es.

Me preocupa igualmente el uso masivo que estamos haciendo de las redes sociales. No estoy en contra de ellas, ni mucho menos. Pero sí pienso que las usamos demasiado. Invito al lector a revisar en su propio móvil cuánto tiempo pasa realmente en redes sociales. Muchos pacientes y estudiantes a los que he sugerido que lo comprueben se han sorprendido al ver el dato, porque es objetivo y, a veces, difícil de asumir. Son demasiadas las personas que invierten varias horas al día en redes sociales, y ese exceso —como era de esperar— tiene consecuencias negativas para la salud. En el libro explico con detalle varios estudios que apuntan en esa dirección.

Otra cuestión que me preocupa es la creciente aceptación social del cannabis. En las últimas décadas hemos avanzado mucho en salud pública y en concienciación social; con el tabaco, por ejemplo, se ha hecho un trabajo enorme: las nuevas generaciones están mucho más informadas y fuman menos que las anteriores. Hace un par de décadas fumaba muchísima gente y, sobre todo, se fumaba mucha más cantidad que ahora. Sin embargo, este avance servirá de poco si perdemos la batalla cultural con el cannabis. En el libro expongo la evidencia científica de la que disponemos y, aunque no he querido recrearme en los aspectos puramente médicos para no volver el texto tedioso, sí me ha parecido importante dedicar unas páginas a la dimensión cultural del fenómeno, porque nos jugamos mucho.

Otro problema que me preocupa —y del que, afortunadamente, cada vez hay más conciencia social— es la soledad. Sin embargo, considero que es un fenómeno complejo, con raíces culturales profundas. La solución no consiste solo en poner líneas telefónicas a disposición de la población; eso puede ayudar, pero no es suficiente. La solución exige cambios en nuestra cultura, en nuestras prioridades y en cómo construimos vínculos. Se puede. Por eso dedico un capítulo entero a las relaciones personales y familiares, haciendo una defensa —basada en evidencia científica— de la importancia de las relaciones familiares y sociales sólidas.

Otro de los temas que abordo es el optimismo. Hace unos años pensaba que el optimismo era poco más que un eslogan de taza de café. Sin embargo, poco a poco fui encontrando estudios científicos de primerísimo nivel que avalan sus beneficios en la salud física y mental. Desde entonces, he tratado de tomármelo más en serio.

UN GIRO PERSONAL

Durante años pensé —y sigo pensándolo en gran medida— que, además de la práctica clínica, la investigación y la docencia eran más importantes que la divulgación. La investigación permite avanzar en el conocimiento y la docencia es el modo de formar a las siguientes generaciones de profesionales. De hecho, en estos primeros años de mi carrera he dedicado mucho tiempo a ambas, porque son dos ámbitos que considero fundamentales y que me apasionan. Ojalá pueda seguir dedicándome a ellos muchos años más.

Sin embargo, con el tiempo me he dado cuenta de algo que al principio me costó aceptar: la divulgación llega a mucha gente, y lo hace de una forma distinta a la investigación o la docencia, pero también con un impacto enorme. En este cambio de mirada han influido colegas a los que admiro profundamente, personas que han sabido combinar rigor científico y capacidad de llegar al público general. *Desaprender* nace de ese lugar: del respeto por la ciencia, pero también del deseo de hablar a las personas, no solo a los profesionales.

QUÉ PRETENDO APORTAR

Este libro no ofrece recetas rápidas ni promesas de bienestar inmediato. Pero sí puedo decir, con total sinceridad, que a mí me ha ayudado escribirlo. Revisar la bibliografía pausadamente, meditarla y escribir cada capítulo me ha obligado a reflexionar mejor sobre los temas que abordo y, en última instancia, ha modificado mi conducta y mi manera de ver algunas cosas. He tomado conciencia de la importancia de reservar momentos para el pensamiento profundo y concentrarme durante periodos prolongados en una sola tarea, he vuelto con más frecuencia al bolígrafo y al papel, he repensado mi uso de las redes sociales −es una decisión personal, pero muchos notan una mejora de su bienestar cuando adoptan un uso más racional− y también he intentado ser más agradecido.

Este libro no plantea una nostalgia del pasado ni una crítica moral al presente. Plantea, simplemente, la necesidad de revisar críticamente aquello que hemos integrado sin cuestionarlo. Si *Desaprender* logra que el lector cambie dos o tres hábitos, cuestione una o dos creencias muy arraigadas, o simplemente se permita pensar con más calma en cómo vive, habrá cumplido su propósito.

Capítulo 1

CEREBROS SATURADOS
Cómo la sobreestimulación, el caos y las mil decisiones diarias agotan nuestra mente

Hay algo paradójico en nuestro tiempo. Vivimos en la era de la hiperconexión, de la inteligencia artificial, de la eficiencia optimizada, de la inmediatez convertida en virtud. Podemos hacer la compra desde el móvil, trabajar desde casa, responder mensajes en segundos, saber lo que ocurre en cualquier parte del mundo casi en tiempo real. Podemos escuchar podcasts mientras cocinamos, consultar artículos mientras caminamos, responder correos mientras vamos camino del trabajo. Nunca habíamos tenido tanto acceso al conocimiento, tantas posibilidades de ocio, tanta variedad de opciones para casi todo. Sin embargo, nunca había sido tan común oír frases como «estoy saturado», «no me cunde el tiempo», «estoy agotado, pero no sé por qué», «no puedo concentrarme», «tengo la cabeza embotada».

Durante mis años como psiquiatra y profesor universitario he observado cómo este malestar se ha extendido de forma silenciosa pero implacable. No se trata de trastornos psiquiátricos clásicos, pues muchas veces no hay depresión mayor, ni trastorno de ansiedad generalizada ni déficit de atención en sentido clínico. Pero sí una especie de fatiga de fondo, de insatisfacción persistente, una mente desordenada. Algo que no siempre encaja en los manuales diagnósticos pero que se manifiesta con fuerza en las consultas, en las aulas, en los cafés con amigos.

Este capítulo nace precisamente de ahí, de la constatación de que hoy en día muchas personas se sienten mentalmente saturadas, no porque vivan situaciones trágicas, sino porque no encuentran espacios de profundidad ni momentos de verdadera conexión con lo que hacen. Saltan de una tarea a otra, responden a mil estímulos, avanzan a base de interrupciones, y ese ritmo fragmentado tiene consecuencias no solo cognitivas, sino también emocionales y existenciales.

Durante siglos, nuestras rutinas estaban marcadas por el sol, el calendario religioso, los ritmos de la naturaleza. Había tiempos para trabajar y tiempos para descansar. Los oficios eran acotados; las opciones vitales, más limitadas, y la vida discurría dentro de unos márgenes más estrechos, sí, pero también más ordenados. Hoy, esos límites se han difuminado, pues podemos trabajar a cualquier hora, desde cualquier lugar; podemos estar conectados permanentemente. Y con esa libertad, sin darnos cuenta, hemos perdido muchas de las estructuras que antes servían de anclaje psicológico. Esto no es solo una reflexión nostálgica, sino un hecho documentado: el exceso de estímulos, la falta de jerarquía entre tareas, la multiplicación de microdecisiones a lo largo del día generan una sobrecarga que deteriora funciones básicas como la atención sostenida, la memoria de trabajo o la capacidad de planificación. Pero, más allá de lo cognitivo, deteriora algo más profundo: la sensación de estar viviendo con sentido.

El sociólogo Hartmut Rosa, profesor de la Universidad Friedrich Schiller de Jena y director del centro Max Weber de la Universidad de Erfurt (ambas en Alemania), ha explicado cómo la aceleración social ha cambiado nuestra relación con el tiempo. Ya no vivimos el tiempo como algo que fluye de forma orgánica, sino como una sucesión de oportunidades que hay que aprovechar. Incluso lo que antes eran tiempos muertos —esperar el autobús, hacer cola en una tienda— se ha convertido en oportunidades de «ser productivos». Mientras esperamos, revisamos el correo electrónico, hacemos *scroll* en redes, respondemos wasaps, etc. Y así el cerebro nunca descansa, no hay espacios vacíos ni silencio. Solo una sucesión ininterrumpida de impactos mentales de baja profundidad y alta frecuencia.

La cultura actual nos empuja constantemente hacia la inmediatez, pues las redes sociales premian lo breve, lo visual, lo impactante. Las aplicaciones nos entrenan en la gratificación instantánea: un clic, una reacción, una respuesta. Incluso herramientas como ChatGPT pueden resumirnos artículos densos en segundos y, aunque resultan útiles en muchos contextos, también pueden debilitar nuestra tolerancia a la lentitud, al esfuerzo sostenido, al aprendizaje paciente. Esto es algo que tiene consecuencias, pues al cerebro no le resulta indiferente saltar de estímulo en estímulo. Estudios en neurociencia han mostrado que el *multitasking* crónico reduce la capacidad de mantener la atención en una sola tarea. El córtex prefrontal, clave para la toma de decisiones y el control ejecutivo, se sobrecarga. La memoria de trabajo se fragmenta, el umbral de aburrimiento se reduce y, con él, la capacidad de reflexión. Por eso, no es raro que cada vez más personas sientan que no logran «profundizar» en nada, que empiezan libros y no los terminan, abren muchos documentos pero no los leen en serio, saltan de una pestaña a otra sin saber bien por qué, leen titulares pero no reportajes, escuchan episodios de pódcast a 1,5x pero no los recuerdan. Todo es superficial, rápido, todo tiene que ser ahora.

Otra fuente de agotamiento mental muy propia de nuestro tiempo es la sobreabundancia de opciones. Comprar unas galletas ya no es una elección trivial: hay galletas integrales, con trozos de chocolate, sin azúcar, con quinoa, con avena, de comercio justo, sin gluten, etc. Lo mismo ocurre con casi todo: series, libros, plataformas, lugares para cenar, estilos de crianza, tipos de terapia, modelos de zapatillas. Elegir se ha vuelto una actividad mentalmente exigente y, como elegimos decenas de veces al día, la fatiga decisional es real. El problema no es solo práctico, sino psicológico. Cada decisión, por pequeña que sea, consume energía cognitiva. Pero, cuando el día está lleno de decisiones pequeñas – ¿qué pódcast escucho?, ¿qué aplicación uso?, ¿qué filtro aplico?, ¿respondo ahora o luego? –, acabamos sin energía para las decisiones importantes.

Uno de los temas que más me preocupan, y que abordaré en profundidad en este capítulo, es el espejismo de la productividad. La sensación de estar permanentemente ocupado, pero no avanzar en lo que realmente importa. Es una queja que escucho con frecuencia en consulta: personas que no paran en todo el día, pero que al llegar la noche sienten que no han hecho nada valioso. Este fenómeno tiene múltiples causas: la fragmentación de las tareas, la cultura del *multitasking*, la falta de jerarquía en las prioridades, las interrupciones constantes. Pero también tiene un componente psicológico profundo: muchos usamos la hiperactividad como una forma de evitar el vacío, la incertidumbre o el malestar emocional. Llenar la agenda es una forma de no escuchar el silencio, y eso tiene consecuencias.

Ante este panorama, la propuesta que quiero hacer en este capítulo no es la de volver al pasado, ni mucho menos. No se trata de demonizar la tecnología ni de idealizar tiempos más simples, sino de algo más realista y necesario: rediseñar nuestros hábitos mentales para adaptarnos mejor a este entorno, recuperar la capacidad de concentración, saber discernir entre lo urgente y lo importante. Crear espacios – externos e internos – para el pensamiento profundo, entrenar la voluntad para resistir lo inmediato y sostener lo valioso. Como veremos, esto no solo mejora el rendimiento o la eficiencia. Mejora la salud mental, pues una mente menos dispersa es una mente más serena, y una vida con más foco es una vida con más sentido.

UN DÍA CUALQUIERA

Laura tiene treinta y cuatro años, trabaja como abogada en un despacho de Madrid y acudió a mi consulta por una sintomatología ansioso-depresiva leve. No presentaba grandes altibajos emocionales ni signos de una depresión severa. Lo que traía consigo era algo más sutil y escurridizo: una sensación crónica de insatisfacción, una especie de malestar de fondo difícil de definir. Lo expresó con una frase muy sencilla:

«Estoy siempre cansada, pero no sé de qué. Me siento abrumada, como si tuviera mil cosas en la cabeza... Pero al final del día tengo la sensación de no haber hecho nada bien».

No era la primera vez que escuchaba algo así. Pero decidí empezar por lo concreto y le pedí que me describiera, sin prisa, cómo transcurría una jornada laboral típica. Su relato fue el siguiente:

«Llego al despacho sobre las nueve. Normalmente ya he mirado el correo en el móvil antes de salir de casa, pero al llegar abro el portátil y me encuentro con nuevas cadenas de mensajes, casi siempre con urgencias. A veces tengo una reunión a primera hora, otras veces me pongo con un informe... hasta que me interrumpen. Puede ser una llamada de un cliente, una notificación de una reunión que ha cambiado o alguien que entra a mi despacho con una consulta. Paso de un tema a otro sin terminar ninguno. Si empiezo a escribir un documento jurídico para un cliente, probablemente no lo pueda acabar del tirón. Lo dejo a medias porque tengo que revisar un contrato de otro asunto completamente distinto, o contestar un correo urgente sobre un tercero. A media mañana ya tengo cinco pestañas abiertas, dos documentos empezados y al menos tres tareas pendientes más que han surgido mientras tanto. Y a todo esto siguen entrando *emails* y mensajes por Teams o por el grupo del despacho. Miro la hora. Son las dos. Me siento agotada, con la cabeza embotada..., y no he terminado nada».

Lo decía sin dramatismo, pero con una mezcla de culpa y resignación. Como si su día se le escapara de las manos sin que ella pudiera hacer nada por detenerlo, como si viviera atrapada en un ritmo que no había elegido. Y ese era, en el fondo, el núcleo de su malestar: no el exceso de trabajo en sí, sino la imposibilidad de hacer las cosas con profundidad. Cada tarea se veía interrumpida por otra, cada proyecto quedaba en un estado de avance superficial, como si nunca pudiera sumergirse del todo en lo que hacía.

Laura no tenía un problema de motivación ni de falta de implicación. Muy al contrario: era perfeccionista, responsable, comprometida con su trabajo. Pero su entorno laboral –fragmentado, urgente, intermitente– no le permitía entrar en el tipo de concentración que ella deseaba. Y eso le generaba una profunda sensación de insatisfacción profesional. Tenía la impresión de hacer muchas cosas, pero de no hacer ninguna bien. Lo más preocupante era que ese patrón no se limitaba al ámbito laboral. También invadía su vida personal.

En una consulta posterior, le pregunté por su descanso, por sus fines de semana. Laura me contó esto:

«Me está costando incluso ver una película entera. El otro día intentamos ver una con mi novio, pero a los veinte minutos yo ya estaba mirando el móvil. Él también. Empezamos a hablar de otra cosa, la paramos... y nos pusimos a buscar otra. Luego me acordé de unos correos y los miré desde el móvil. Al final, pasamos la tarde saltando de una cosa a otra. Y no fue por falta de ganas de estar juntos, fue como si no pudiéramos concentrarnos ni siquiera en disfrutar».

Lo decía con una mezcla de tristeza y desconcierto. Como si la misma dinámica de dispersión que marcaba su jornada laboral se hubiera infiltrado también en sus espacios de descanso. En cierto sentido, así era. Laura vivía atrapada en un modo de funcionamiento fragmentado, casi reactivo, donde su atención saltaba de estímulo en estímulo sin llegar a asentarse en ninguno. Y esa dispersión no solo agotaba su mente, sino que erosionaba su capacidad de disfrute, de conexión, de reposo.

En ambos relatos —el del trabajo y el del fin de semana— emergía el mismo patrón de fondo: la insatisfacción no provenía tanto de lo que hacía, sino de cómo lo hacía. La imposibilidad de profundizar, de cerrar ciclos, de quedarse lo suficiente en una tarea como para sentir que había producido algo con sentido. Esa incapacidad para entrar en modo profundo terminaba generando una especie de vacío: trabajaba muchas horas, pero se sentía estancada; pasaba tiempo con su pareja, pero se sentía desconectada; vivía ocupada, pero no se sentía plena. Lo que más le dolía no era estar cansada, sino estar insatisfecha consigo misma. Sentía que no estaba a la altura de lo que podría dar y esa percepción dañaba su autoestima, alimentaba su ansiedad y le generaba una tristeza sutil, persistente. No una tristeza desgarradora, sino una especie de nube gris que enturbiaba todos los días.

Clínicamente, los síntomas que presentaba eran muy comunes en la consulta de psiquiatría: fatiga cognitiva, dificultad para concentrarse, sensación de saturación mental, insomnio leve, irritabilidad e insatisfacción emocional difusa. Pero lo interesante del caso es que, al profundizar, se hizo evidente que no respondían tanto a un trastorno interno como a un contexto externo —el estilo de trabajo actual, la hiperfragmentación de la atención, la cultura del «todo ya»— que dificultaba el desarrollo de experiencias psicológicas profundas. Durante el proceso terapéutico, fuimos identificando los focos reales de su malestar. No se trataba únicamente de aliviar sus síntomas o de mejorar su estado de ánimo: el trabajo era más de fondo. Se trataba de comprender cómo ciertas dinámicas cotidianas, aparentemente normales —como responder correos mientras se piensa en otro proyecto, o mirar el móvil mientras se cena—, podían estar deteriorando su bienestar de manera silenciosa.

Una de las primeras cosas que hicimos fue observar con más detalle cómo funcionaba su atención. Le propuse que llevara durante una semana un registro simple de los momentos en los que sentía que podía concentrarse realmente. El resultado fue revelador: eran muy pocos. Pero no por falta de voluntad, sino por un entorno saturado de demandas pequeñas, urgencias encadenadas y constantes interrupciones. El problema no era que Laura no quisiera concentrarse, sino que su contexto se lo dificultaba y, al no poder profundizar, no podía sentirse competente ni satisfecha. Cuando pudo poner nombre a ese patrón —la dispersión como forma de vida— empezó a cambiar. Comenzó a hacer pequeños ajustes: reservar bloques sin interrupciones, agrupar tareas similares, proteger sus fines de semana como espacios reales de descanso y conexión. Nada de eso resolvía mágicamente su ansiedad, pero sí le permitió mejorar poco a poco.

Este caso clínico ilustra una realidad cada vez más frecuente en las consultas de salud mental: síntomas leves pero persistentes, que no responden bien a etiquetas diagnósticas clásicas. Laura podría haber salido de una primera consulta rápida con un diagnóstico de TDAH del adulto o de ansiedad generalizada. Pero cuando se dispone de tiempo —de tiempo de verdad— se descubre otra cosa: una respuesta comprensible, aunque desadaptativa, a un entorno que fragmenta nuestra atención, exige inmediatez y no deja espacio para la profundidad.

LA TRAMPA DE LO FÁCIL: POR QUÉ ELEGIMOS LO RÁPIDO ANTES QUE LO PROFUNDO

A muchos nos ha pasado: nos sentamos con la intención de avanzar en una tarea importante —escribir ese informe, preparar una presentación, estudiar un tema complejo—, pero antes de empezar decidimos «limpiar» el correo, revisar el calendario o contestar ese mensaje pendiente. Media hora después, seguimos sin haber tocado lo importante. Nos sentimos activos, incluso útiles, pero en el fondo sabemos que estamos postergando lo importante. Es fácil pensar que esto es solo un problema de nuestro tiempo, que vivimos en una cultura que favorece la interrupción, el *multitasking* y la distracción continua. Es cierto, las tecnologías, los entornos laborales y las normas sociales actuales alimentan esta tendencia. Pero si nos quedamos ahí, en culpar al entorno, corremos el riesgo de no mirar más profundo.

¿Por qué, en el fondo, nos cuesta tanto resistir las interrupciones? ¿Por qué elegimos con tanta frecuencia tareas pequeñas, inmediatas y poco significativas, sabiendo que tenemos otras más importantes pendientes? ¿Por qué, aunque conozcamos las reglas del juego, seguimos cayendo una y otra vez en la trampa de lo superficial? Una de las claves está en cómo funciona nuestro cerebro. Cada vez que completamos una microtarea —responder un *email*, enviar un mensaje, marcar algo como «hecho»— obtenemos una pequeña dosis de dopamina, el neurotransmisor asociado al placer, la motivación y la recompensa. Esta respuesta es rápida, predecible y, en cierto modo, fácil. El problema es que esta misma lógica no se aplica tan fácilmente a las tareas complejas o abstractas. Cuando nos enfrentamos a una actividad que requiere concentración prolongada —diseñar un proyecto, resolver un problema complejo, redactar algo original—, no hay recompensa inmediata. No hay un «clic» rápido que libere dopamina, y el cerebro, que busca eficiencia energética y gratificación rápida, prefiere mil veces contestar quince correos antes que abrir ese documento en blanco que implica esfuerzo, posiblemente también frustración.

Además del componente biológico, hay un factor psicológico esencial: el miedo a exponernos. Las tareas profundas implican enfrentarse al vacío, al no saber, al riesgo de no hacerlo bien, y ese es un lugar incómodo. Escribir una propuesta, resolver un conflicto interpersonal, tomar una decisión importante... son actividades cargadas de ambigüedad. No siempre sabemos por dónde empezar, ni si estaremos a la altura. Es más fácil, más seguro, elegir lo conocido, pero eso «conocido» suele estar lleno de pequeñas tareas mecánicas que nos hacen sentir productivos... aunque no lo seamos de verdad. No es casualidad que muchas personas con alta autoexigencia se queden atrapadas en este ciclo: evitan lo profundo por miedo a no hacerlo perfecto, y se refugian en lo fácil para mantener una imagen de eficacia. Pero, a largo plazo, esto genera una trampa emocional: la insatisfacción de saber que lo importante se está quedando atrás.

Otro factor relevante es el disfraz de la urgencia. Muchas distracciones no se presentan como tales, sino como obligaciones ineludibles: «Tengo que responder este *email*», «tengo que estar pendiente del grupo de trabajo», «tengo que contestar al jefe». Pero, si miramos con más honestidad, muchas de esas supuestas obligaciones son interrupciones que aceptamos sin filtrar. ¿Por qué nos cuesta poner límites? En parte, porque no queremos decepcionar. Queremos ser percibidos como accesibles, rápidos, disponibles. Nos gusta gustar, por eso decir que no, marcar una frontera, proteger un espacio de concentración puede percibirse (o tememos que se perciba) como falta de compromiso. Así, acabamos diciendo que sí a lo inmediato y no − implícitamente − a lo importante. Salir de esta dinámica requiere conciencia y coraje: conciencia para identificar cuándo estamos cayendo en lo fácil por miedo, comodidad o validación externa; coraje para sostener el vacío, resistir la distracción, tolerar la incomodidad de una tarea compleja sin anestesiarla con una tarea pequeña.

Un buen punto de partida sería preguntarnos, con honestidad, qué evitamos cuando elegimos lo superficial. ¿Evito enfrentarme a mi sensación de incompetencia? ¿Evito el miedo a fallar? ¿Evito quedarme solo con mis pensamientos? Muchas veces no se trata de un problema de gestión del tiempo, sino de gestión emocional.

LA CABEZA EMBOTADA

Esto me lo describió muy bien Pablo, un paciente joven, brillante y comprometido que llegó a mi consulta tras varios meses sintiendo un agotamiento mental que no lograba entender. No estaba deprimido, dormía razonablemente bien y tampoco atravesaba ningún problema vital concreto. Pero cada día arrancaba con buenas intenciones y terminaba igual, con la sensación de haber estado todo el tiempo ocupado, pero sin haber hecho nada realmente significativo.

«Empiezo con energía, con la idea de centrarme, pero al poco ya estoy saltando de una cosa a otra. Reviso correos mientras escucho una reunión, contesto mensajes entre llamadas, avanzo media tarea y me interrumpen. Y así todo el día. Al final me siento agotado, como si hubiera pasado muchas horas corriendo sin llegar a ningún sitio. Me cuesta hasta pensar con claridad».

Le pedí que describiera un día típico, y su relato fue el de muchas personas hoy en día: múltiples proyectos abiertos a la vez, reuniones encadenadas, chats corporativos, documentos sin terminar, recordatorios constantes, pestañas abiertas, móviles activos. Su jornada no estaba marcada por grandes crisis, sino por una sucesión incesante de pequeñas interrupciones. El problema no era la carga de trabajo, sino la imposibilidad de concentrarse: cada tarea era interrumpida por otra, y cada interrupción le impedía entrar en profundidad en lo que hacía.

Pablo no tenía un trastorno psiquiátrico. Tenía un entorno laboral que promovía el *multitasking* constante, y un cerebro que ya había aprendido a operar en modo fragmentado. Su malestar era el resultado de vivir en un «modo reactivo permanente», donde lo urgente desplazaba siempre a lo importante, y donde nunca encontraba el tiempo — ni la energía mental — para entrar de verdad en lo que hacía. Esa imposibilidad de avanzar con foco no solo lo agotaba, sino que minaba su motivación, su autoestima y su claridad interior.

COMER SIN ALIMENTARSE, EL COSTE OCULTO DEL *MULTITASKING*

Todos sabemos lo que es picotear entre comidas. Lo hacemos sin darnos cuenta: unas patatas de bolsa mientras miramos el móvil, una galleta entre reuniones, un puñado de frutos secos al pasar por la cocina. Es una comida sin ritual, sin atención, sin pausa. No nos sentamos, no nos damos un respiro ni nos alimentamos de verdad. El resultado es muchas calorías, poco placer y una saciedad que nunca llega del todo. A nivel mental ocurre exactamente lo mismo. Vivimos en un estado constante de «picoteo cognitivo»: saltamos de una pestaña a otra, respondemos mensajes mientras escribimos un informe, interrumpimos una lectura para mirar una notificación, escuchamos un podcast mientras respondemos correos... Nuestra atención no se asienta nunca. Al igual que con la comida, esa forma de consumir tareas e información deja una sensación de vacío: hemos hecho mucho, pero no sabemos bien qué; sobre todo, no nos sentimos nutridos.

Esto es exactamente lo que le ocurría a Pablo, pues llegaba al final del día exhausto, pero incapaz de identificar un logro concreto. No era desorganizado, ni desmotivado ni incapaz, simplemente estaba atrapado en un estilo de funcionamiento que se ha convertido en norma: mucha acción, poca dirección; mucha actividad, poca profundidad. La comparación con la alimentación no es solo una metáfora, tiene base biológica. Así como el picoteo constante altera las señales del hipotálamo que regulan la saciedad, y puede afectar la secreción de insulina y otras hormonas, el *multitasking* altera las funciones ejecutivas del cerebro. Cambiar constantemente de foco sobrecarga la memoria de trabajo, impide consolidar información en la memoria a largo plazo y agota los recursos atencionales. Es como si nuestro córtex prefrontal —el «centro de mando» del cerebro— trabajara a trompicones todo el día, sin nunca recuperar el aliento.

Las consecuencias del *multitasking* están bien documentadas:

1. Reduce la memoria de trabajo, dificultando tareas que requieren mantener y manipular información simultáneamente.
2. Aumenta la fatiga cognitiva, ya que cada «salto» de tarea exige un reajuste mental que consume energía.
3. Disminuye la consolidación de la memoria, porque la atención breve no permite que la información se «asiente».
4. Disminuye la satisfacción personal, ya que, al no ver resultados tangibles, sentimos que trabajamos mucho pero avanzamos poco.

Como advirtió Daniel Goleman: «Lo que más se resiente con las distracciones constantes es la capacidad de pensar con claridad». Esto no es solo un problema de rendimiento, sino que también es un problema existencial, pues, si no somos capaces de entrar a fondo en lo que hacemos, difícilmente encontraremos sentido en ello. El psicólogo Mihály Csíkszentmihályi describió el concepto de *flow*: ese estado de atención plena, inmersión y disfrute en una tarea que nos desafía pero no nos desborda. En ese estado, el tiempo se diluye y sentimos una profunda satisfacción. Pero el *flow* exige continuidad y el *multitasking* es su antítesis, ya que rompe el hilo de pensamiento antes de que podamos entrar de lleno en nada.

Nuestro cerebro no está diseñado para la multitarea, lo que hace realmente es «conmutar» entre tareas, como una especie de malabarista que suelta una pelota para coger otra. Este proceso se conoce como «coste de conmutación cognitiva», y su efecto es acumulativo: si cambiamos de tarea cuarenta veces al día, la energía mental que consumimos en esos cambios puede equivaler a horas de trabajo profundo perdidas. Lo peor es que no lo notamos hasta el final del día, cuando sentimos que nuestra mente está embotada —como le ocurría a Pablo—, aunque no sepamos muy bien por qué. Este fenómeno no es una rareza, es el nuevo paisaje del trabajo. Las jornadas ya no se estructuran en bloques largos de concentración, sino en una sucesión de microtareas interrumpidas. Muchos profesionales —docentes, administrativos, sanitarios, creativos, comerciales— viven con una atención fragmentada, saltando de chat en chat, de correo en correo, de reunión en reunión. Incluso los fines de semana se ven atravesados por la misma lógica: mirar el móvil, cambiar de plataforma, empezar una serie sin acabarla, leer por encima sin recordar lo leído.

Frente a esta realidad, algunas empresas han empezado a tomar decisiones valientes. Basecamp, por ejemplo, eliminó los chats grupales permanentes porque generaban una «falsa urgencia» y fragmentaban la jornada. Su cofundador, Jason Fried, aboga por un trabajo profundo, comunicación asincrónica y pocas reuniones. Por su parte, Google instauró los *no meeting days* en varios de sus equipos: días sin reuniones para fomentar la concentración y la creatividad. En el ámbito personal, el concepto de *deep work* propuesto por Cal Newport plantea una salida: proteger bloques de tiempo para realizar tareas exigentes sin interrupciones. Newport sostiene que la capacidad de concentrarse profundamente durante largos periodos será una de las habilidades más valiosas del siglo XXI. Su propuesta no es desconectarse del mundo, sino establecer rituales y estructuras que nos permitan proteger lo esencial.

Otra empresa inspiradora es Doist, creadora de la *app* de productividad Todoist. Sus equipos trabajan de forma completamente remota y asincrónica. Fomentan lo que llaman «comunicación deliberada»: nada de chats constantes ni disponibilidad inmediata. El resultado es menos distracción, más autonomía y más foco.

Estas experiencias no son fórmulas mágicas, pero sí ejemplos de que es posible resistirse al flujo inercial de la hiperactividad superficial. Pablo lo comprobó en carne propia: cuando empezó a identificar y proteger pequeños espacios de trabajo profundo a lo largo del día —aunque fueran solo 45 minutos por la mañana—, su sensación de agobio disminuyó. Sentía que su mente «aterrizaba», pues algo tan simple como acabar una tarea sin interrupciones comenzó a restituirle la sensación de competencia que había perdido.

Así como el cuerpo necesita comidas completas, sin distracciones, sentados a la mesa, la mente necesita también espacios de enfoque sostenido. Necesitamos cerrar pestañas mentales, reducir la exposición a interrupciones, recuperar el silencio interno. Porque solo en ese espacio de continuidad emergen la claridad, la creatividad y la sensación de que el esfuerzo —como la comida— nos ha alimentado de verdad.

UNA ESTRATEGIA REALISTA, MODELO DE «CICLOS»

Para personas como Pablo, que no pueden escapar del entorno multitarea, una estrategia útil es organizar el día en ciclos de trabajo consciente. Por ejemplo:

- Ciclo 1 (profundo): 90 minutos para una tarea compleja, sin notificaciones ni interrupciones. Móvil en otra habitación.

- Ciclo 2 (reactivo): 30-45 minutos para atender correos, peticiones, mensajes.
- Ciclo 3 (activo y breve): reuniones, tareas rápidas, llamadas.
- Pausa de recuperación: 15 minutos de descanso real.

Este modelo se basa en una idea muy sencilla pero poderosa: no se puede trabajar en todo al mismo tiempo. Pero, si distinguimos con claridad cuándo pensar, cuándo responder, cuándo coordinar y cuándo descansar, la jornada empieza a tener otra textura. El cerebro deja de vivir en modo reactivo permanente y puede alternar entre momentos de intensidad y momentos de gestión.

CLAVES PRÁCTICAS: CÓMO RECUPERAR EL CONTROL MENTAL EN UN ENTORNO DE MICROTAREAS

1. Nombra tus tipos de tareas

Una de las estrategias más útiles para ordenar el caos laboral es aprender a clasificar. Muchos de nuestros días se desdibujan porque mezclamos tareas de naturaleza muy distinta como si fueran equivalentes, pero no lo son. Aquí tienes una clasificación sencilla y práctica:

- **Trabajo profundo.** Aquellas tareas que requieren concentración sostenida, pensamiento estratégico, análisis o creatividad. *Ejemplos*: redactar un informe, preparar una presentación, estudiar un caso clínico complejo, diseñar una campaña, resolver un problema técnico, escribir un capítulo como este. Son tareas que transforman tu trabajo o generan valor.
- **Tareas logísticas.** Son necesarias, pero no requieren mucha exigencia cognitiva. *Ejemplos*: enviar una factura, re-

servar una sala, actualizar una hoja de cálculo con datos, contestar a una petición de agenda. Son tareas que requieren atención, pero no son el corazón de tu aportación profesional.

- **Atención reactiva.** Todo lo que responde a estímulos inmediatos del entorno y roba tu foco. *Ejemplos*: mirar notificaciones, contestar wasaps, responder correos que podrían esperar, cambiar de pestaña ante cada impulso. No son tareas planeadas, son reacciones, y si no se gestionan, acaban ocupando el día entero.

Una vez identificadas, puedes preguntarte cada mañana: ¿cuál es mi bloque de trabajo profundo de hoy?, ¿qué tareas logísticas debo programar?, ¿y cómo limitaré las reactivas?

2. Reserva bloques de enfoque real

No esperes a tener tiempo, créalo. Si dejas el trabajo profundo para «cuando haya un hueco», ese hueco no llega nunca, pues las urgencias y lo inmediato llenarán cada rendija.

Empieza por algo simple, por ejemplo reservar un bloque de 60 minutos cada mañana para una tarea importante y sin interrupciones. Si trabajas en un entorno especialmente demandante, prueba con 25 o 45 minutos. Lo esencial es que durante ese tiempo apagues notificaciones, cierres pestañas innecesarias y te dediques solo a una cosa. Ese rato puede marcar la diferencia entre una jornada agitada y una jornada con sentido.

3. Empieza por lo importante, no por lo urgente

Vivimos en la tiranía de lo urgente, pero lo valioso requiere intención. Piensa en esto: ¿qué parte de tu trabajo te hará sentir orgulloso dentro de un mes?, ¿qué tarea, si la haces bien hoy, puede cambiar tu semana? Esas tareas importantes, que a menudo postergamos porque requieren más esfuerzo, deberían ocupar la primera franja del día. Cuando tu mente está más descansada y menos contaminada de estímulos. Lo urgente te dará la sensación de estar ocupado y lo importante te dará dirección.

4. Cierra ciclos

Unos de los mayores enemigos de la claridad mental son las *tareas inconclusas*. Cuando dejas muchas cosas a medias —una respuesta pendiente, un informe sin terminar, una conversación sin cerrar— tu cerebro las retiene como *tareas abiertas*. Esto genera ruido mental, carga ejecutiva y consume recursos de atención sin que lo sepas. Por eso es clave cerrar ciclos. Termina lo que empieces y, si tienes que interrumpir algo, deja una nota clara para ti mismo: «Me quedé en el punto 3, falta revisar la tabla final». Esto reduce la ansiedad implícita que genera el caos inconcluso.

EL ORDEN COMO MULTIPLICADOR DE BIENESTAR

En una sociedad que glorifica la rapidez, la inmediatez y la multitarea, hablar de orden puede sonar anacrónico o incluso aburrido. Sin embargo, después de haber escuchado cientos de relatos en consulta —como los de Laura o Pablo— tengo claro que no hay nada más revolucionario hoy en día que estructurar el propio tiempo con intención. Lejos de ser una rigidez innecesaria, el orden es un multiplicador de bienestar, que nos proporciona una brújula en medio del ruido y una sensación de dominio sobre nuestra vida que es profundamente reparadora.

Pablo, por ejemplo, no necesitaba más horas en su jornada: necesitaba menos interrupciones y más estructura. Su día estaba plagado de microtareas, de mensajes urgentes que lo empujaban de un lado a otro, sin nunca permitirle entrar del todo en lo que hacía. Laura, por su parte, vivía atrapada en la sensación de no poder profundizar en nada. Su malestar no venía del volumen de trabajo, sino del caos de fondo. Ambos casos comparten una verdad simple pero incómoda: sin orden, la atención se dispersa y, con ella, la satisfacción y la salud mental.

Es común oír a personas decir que no tienen tiempo, que el día no les alcanza, que están siempre corriendo, apagando fuegos, llegando tarde. Pero muchas veces no es una cuestión de horas, sino de uso. Las personas más ocupadas que conozco — médicos, madres y padres trabajadores, directivos, emprendedores — tienen algo en común: respetan sus minutos como si fueran oro. No se trata de obsesión, sino de conciencia. Cuando saben que tienen poco tiempo, lo valoran, lo usan con foco, y eso les da control.

Recuerdo a un médico muy prestigioso con el que comencé a colaborar hace años, un hombre brillante, con múltiples cargos y proyectos a la vez. Me sorprendía lo sereno que parecía siempre, incluso cuando la agenda le ardía. Un día, en una conversación informal, me confesó su secreto: «Siempre dejo una hora libre cada día para imprevistos. Si no los tengo, avanzo en algo pendiente. Pero los imprevistos existen y, si no tienes un sitio para ellos, lo que pierdes es el equilibrio». Esta idea, tan simple, es poderosa: el orden no es rigidez, es previsión, protege nuestra paz mental frente a lo inesperado. Porque el desorden genera ruido no solo en la agenda, también en la mente. Cuando todo está mezclado — los deberes con las distracciones, lo urgente con lo irrelevante, lo profesional con lo personal — , cuesta mucho pensar con claridad. En su libro *Focus: Desarrollar la atención para alcanzar la excelencia*, Daniel Goleman explica que la atención es como un músculo, que necesita entrenamiento pero también espacio. Si estamos rodeados de caos —en la mesa, en el escritorio del ordenador, en la cabeza—, nuestra atención sufre. Nos cuesta más iniciar tareas, mantenernos en ellas y, sobre todo, terminarlas. Esto nos deja agotados.

No es raro que personas como Pablo o Laura describan sus días como agotadores sin haber hecho nada que realmente recuerden. Eso no es solo fruto de la multitarea, sino del desorden. Una jornada sin estructura es una jornada donde la energía se disuelve. No hay comienzo claro ni fin claro, todo se mezcla y, así, lo importante se diluye entre lo urgente y lo trivial. Lo paradójico es que más estructura suele dar más libertad. Puede sonar contradictorio, pero, cuanto más estructurado está nuestro tiempo, más libres nos sentimos. ¡El orden nos libera! Porque, al no tener que decidir a cada momento qué hacer, evitamos la fatiga por decisiones. Al saber que todo tiene su momento, podemos dejar de pensar constantemente en lo pendiente, y al dedicar tiempo real a lo importante, sentimos que vivimos con dirección.

Todos hemos experimentado esto en breves momentos. Por ejemplo, cuando viajamos con un plan claro para cada día: sabemos qué queremos ver, cuándo movernos, dónde comer. Esa estructura no nos aprieta, nos libera. Nos permite disfrutar sin ansiedad, sin esa sensación constante de «¿y ahora qué hacemos?». Lo mismo ocurre en el día a día. Si sabemos cuándo trabajamos, cuándo descansamos, cuándo respondemos correos y cuándo nos desconectamos, ganamos serenidad. Dejamos de improvisar y, al dejar de improvisar, reducimos el desgaste.

El orden no es un lujo de personas meticulosas, sino una herramienta de autocuidado y, como toda herramienta, puede entrenarse. No hace falta ser una persona extremadamente organizada, basta con empezar por pequeños hábitos:

Propuestas prácticas para cultivar el orden:

- Dedicar 10 minutos cada mañana a planificar el día, eligiendo 2-3 tareas clave.
- Cerrar cada jornada con una revisión rápida: ¿qué hice?, ¿qué quedó pendiente?, ¿qué aprendí?
- Agrupar tareas similares en bloques: responder correos, llamadas, tareas creativas.
- Establecer «horas sagradas» de concentración profunda, sin interrupciones (ni notificaciones).
- Ordenar el espacio físico y digital: cada objeto, archivo y pestaña debe tener su lugar.

Estos hábitos no solo aumentan el rendimiento, también calman. Nos devuelven una sensación fundamental para el bienestar psicológico: la de estar al mando. No de todo, claro —la vida siempre tiene imprevistos—, pero sí de lo que depende de nosotros.

En definitiva, el orden es más que una cuestión de productividad, es una declaración de intenciones. Supone decidir, en medio del ruido, qué merece nuestro tiempo y nuestra atención. Esta decisión, en un mundo saturado de opciones y estímulos, es un acto profundo de libertad.

EL CANSANCIO DE DECIDIR: FATIGA POR EXCESO DE OPCIONES

Vivimos rodeados de elecciones, pues desde que suena el despertador empezamos a decidir: ¿me levanto ya o pospongo cinco minutos?, ¿qué desayuno?, ¿qué ropa me pongo?, ¿qué podcast escucho de camino al trabajo?, ¿contesto ahora este mensaje o lo dejo para después?, ¿abro el correo o sigo con la tarea?, ¿qué hago para cenar?, ¿qué serie veo?, ¿con quién quedo el fin de semana?, ¿qué regalo compro?, ¿qué leo antes de dormir?

Podríamos pensar que tener opciones es sinónimo de libertad, y lo es. Pero, cuando las opciones se multiplican sin control, lo que sentimos no es libertad, sino carga. Elegir se convierte en algo agotador, como si cada pequeña decisión fuera una gota más que colma el vaso de nuestra atención. Este fenómeno tiene un nombre: fatiga decisional.

Para entenderlo mejor, pensemos en dos escenas cotidianas:

1. **Un menú cerrado.** Entras a un restaurante de menú del día y hay tres primeros, tres segundos y dos postres. Comes, disfrutas y sigues con tu vida. Te vas con la sensación de haber aprovechado bien el tiempo y la energía.
2. **Un bufé libre.** Hay decenas de opciones, empiezas por la ensalada, luego algo de arroz, carne, pasta, *sushi*, repites... Terminas lleno, algo empachado y con la sensación de no haber comido nada con verdadero placer o sentido. Elegir te ha sobrecargado. Te ha hecho comer de más, no necesariamente mejor.

En la vida ocurre algo parecido. Las decisiones acumuladas, incluso las triviales, van erosionando nuestra capacidad mental. Cada «elige» implica una microcarga cognitiva y, cuando el cerebro está agotado de decidir, empieza a funcionar peor: se vuelve más impulsivo, menos reflexivo, menos capaz de priorizar.

El exceso de elecciones afecta a nuestra vida de múltiples formas:

- **Nos paraliza.** Cuanto más elegimos, más dudamos. Queremos la opción perfecta, la más eficaz, la que no implique renunciar. Esa búsqueda de perfección genera indecisión.

- **Nos lleva a elegir lo fácil.** Cuando estamos mentalmente agotados, nos inclinamos por lo inmediato, lo sabroso, lo rápido. Igual que en el bufé, optamos por el dulce en lugar de la verdura. En el trabajo, preferimos tareas cortas y gratificantes (responder mensajes, ver redes) en lugar de las profundas (leer, pensar, crear).
- **Aumenta la ansiedad.** Tener muchas opciones, en lugar de ser liberador, puede ser estresante. Porque elegir implica perder, ya que toda elección es una renuncia. Si no estamos en paz con esa idea, viviremos decidiendo con miedo y frustración.
- **Deteriora el descanso.** Al final del día, incluso sin haber hecho tareas exigentes, podemos sentirnos agotados. No por lo que hicimos, sino por todo lo que tuvimos que gestionar mentalmente. La cabeza sigue activa, nos cuesta desconectar y dormimos peor.

Barry Schwartz, psicólogo y autor del libro *The Paradox of Choice*, lo describe con claridad: «Demasiadas opciones no solo paralizan, sino que disminuyen la satisfacción con la elección final», pues siempre sentimos que podríamos haber elegido mejor. Vivimos con el fantasma de la opción no tomada. Este fenómeno se observa en múltiples ámbitos:

- En las relaciones (aplicaciones de citas con infinitos perfiles).
- En el ocio (catálogos de miles de películas y series).
- En el consumo (productos hipersegmentados y similares).
- En lo profesional (cursos, contenidos, formaciones).

Y aunque parezca un lujo del mundo moderno, es una fuente constante de agotamiento silencioso.

¿Cómo combatir la fatiga por exceso de opciones? El asunto no es eliminar toda posibilidad, sino simplificar, anticipar y automatizar:

- Rutinas predecibles, como desayunar siempre lo mismo entre semana, usar ropa similar, establecer horarios fijos.
- Listas cerradas, limitando el número de películas a elegir, de libros a leer, de tareas por hacer.
- Bloques de decisión, para no decidir constantemente, sino reservar momentos para tomar decisiones agrupadas (por ejemplo, planificar el domingo las comidas para toda la semana).
- Aceptar la imperfección, renunciando a la fantasía de la elección perfecta. Decidir bien no es decidir de forma impecable, sino decidir con sentido.

En un mundo de mil opciones, la sabiduría está en saber elegir poco, pero bien. Reducir decisiones innecesarias no empobrece la vida, al contrario, libera energía mental para lo que realmente importa. Porque, a veces, el verdadero descanso no está en hacer menos, sino en decidir menos.

ESTAR A MIL: EL NUEVO SÍMBOLO DE ESTATUS

Vivimos en una época en la que la saturación se ha convertido en una insignia. Decir que uno va a mil no es solo una descripción del estado interno, sino una forma encubierta —casi ritual— de decir: soy importante, soy valioso, me necesitan. La hiperactividad no es solo un hábito, es un emblema de estatus. En la oficina, entre amigos, en las redes…, quien más ocupado está más respeto parece generar. El que tiene agenda llena tiene «vida», pero quien está disponible parece sospechoso. Como si la calma fuese sinónimo de irrelevancia.

Esto no siempre fue así. Curiosamente, a pesar de que hoy contamos con más comodidades tecnológicas que nunca −robots de cocina como la Thermomix, lavadoras exprés, listas de la compra automáticas, servicios a domicilio, gestión digital de trámites que hace dos décadas exigían toda la mañana−, tenemos la sensación de no dar abasto. Si cocinar, lavar o comprar lleva menos tiempo que nunca, ¿de dónde viene esta saturación? Una hipótesis es que no tiene tanto que ver con la carga real de tareas como con el ruido mental constante que habita en nosotros. Ese murmullo permanente de estímulos, recordatorios, alertas, tareas pendientes, ideas a medio hacer, decisiones pospuestas y mensajes por responder configura una atmósfera psíquica tan espesa como agotadora. El cerebro no descansa, incluso cuando el cuerpo está quieto. Nunca antes en la historia habíamos estado tan expuestos a tanta fragmentación, ni tan poco entrenados para resistirla.

Este fenómeno tiene también un fuerte componente sociológico. Vivimos en una cultura que no premia el sosiego, sino la visibilidad. En redes sociales se aplaude la agenda repleta, el calendario tachado, la productividad incansable. Compartir fotos de una agenda abarrotada se ha convertido en una forma sutil de proyectar valor. Como dice el filósofo Byung-Chul Han en *La sociedad del cansancio*, la presión hoy ya no viene de un jefe autoritario, sino del *rendimiento autoimpuesto*. La autoexplotación se ha vuelto deseable, porque otorga reconocimiento, nos hace sentir que existimos.

Pero quizá convendría detenerse un momento y preguntarse: ¿por qué tanto apuro?, ¿qué evitamos al llenarnos el día de cosas? Tal vez la ocupación compulsiva no sea tanto una necesidad externa como una evasión interna. Al llenar nuestra vida de actividad, estamos evitando el silencio que revela el vacío, pues estar siempre haciendo es también una manera de no pensar, de no sentir, no mirar hacia dentro. He observado, como psiquiatra, que algunas personas desarrollan auténtica fobia al tiempo libre. Las incomoda el espacio sin tareas o planes no por falta de imaginación, sino porque el silencio las enfrenta a preguntas difíciles: ¿estoy contento con mi vida?, ¿amo a quien tengo al lado?, ¿me siento satisfecho con lo que hago?, ¿a dónde voy? En muchos casos, estar a mil no es solo un síntoma de una cultura exigente, sino un mecanismo defensivo ante el vacío existencial.

Este fenómeno se refleja también en nuestras relaciones. Muchas conversaciones sociales parecen diseñadas para evitar la intimidad. Nos contamos lo ocupados que estamos, lo lleno que ha estado el fin de semana, el último viaje, las series vistas. Pero rara vez abrimos espacio para hablar de cómo nos sentimos realmente; pareciera que estar a mil es también una forma de estar a salvo: a salvo de nosotros mismos, y a salvo de los demás. El sociólogo Zygmunt Bauman ya lo anticipaba en su concepto de *modernidad líquida*: relaciones volátiles, compromisos superficiales, identidades frágiles. En este contexto, la hiperactividad actúa como una prótesis emocional, nos da estructura donde hay caos, nos da sensación de dirección cuando estamos perdidos, pero es solo una ilusión.

Como apuntaba el psiquiatra vienés Viktor Frankl —fundador de la logoterapia y superviviente de varios campos de concentración nazis—, el ser humano no puede vivir únicamente de ocupaciones, ni de gratificaciones inmediatas, ni siquiera de placeres. Lo que realmente necesita para sostenerse con dignidad y fortaleza interior es *sentido*. Frankl lo vio con absoluta crudeza en Auschwitz: no sobrevivía necesariamente el más fuerte, ni el más sano ni el más astuto..., sino aquel que encontraba una razón, una misión, un porqué que le daba fuerzas para resistir incluso el horror. Durante seis años, como profesor asociado en la Universidad de Alcalá, tuve la oportunidad de trabajar esta idea en clase. En la asignatura Psicología Médica (que impartía a estudiantes de primero de Medicina) y también en Psicología (a estudiantes de Fisioterapia), propuse una actividad que aún hoy recuerdo con especial cariño y admiración. Los estudiantes debían leer *El hombre en busca de sentido*, la obra más conocida de Frankl, y realizar un trabajo de análisis personal y reflexivo. Pero lo más enriquecedor no era el trabajo que me entregaban, sino el seminario posterior: una sesión presencial donde debatíamos las ideas del libro no desde la teoría, sino desde la experiencia humana. Lo que más me sorprendía era cómo unos chicos y chicas de apenas dieciocho o diecinueve años conectaban con la obra escrita por un psiquiatra austriaco hace más de medio siglo. ¿Por qué conectaban tanto? Pues porque Frankl no habla solo del sufrimiento extremo, sino también del vacío que sentimos cuando nuestra vida parece carecer de dirección. Habla de la ansiedad sorda que se instala cuando acumulamos tareas, logros o distracciones, pero no nos sentimos llamados a nada. Y ese vacío, aunque no tenga el dramatismo de un campo de concentración, puede corroer desde dentro a muchas personas que aparentemente «lo tienen todo».

Frankl entendía la voluntad no solo como fuerza de voluntad (resistencia, tesón), sino como voluntad de sentido: la capacidad humana de orientarse hacia algo más grande, más profundo, más auténtico. Precisamente eso es lo que nos falta muchas veces cuando vamos «a mil». Vivimos ocupados, sí. Incluso cumplimos objetivos, marcamos casillas, progresamos, pero no siempre nos preguntamos si lo que hacemos responde a lo que realmente queremos o valoramos. Y esa disonancia, mantenida en el tiempo, es una de las grandes causas de sufrimiento moderno: la sensación de estar lejos de uno mismo, incluso cuando todo parece estar en orden por fuera. Este enfoque me parece especialmente pertinente en una época como la nuestra, cuando el entorno tecnológico y social nos empuja a la acción constante, pero rara vez nos ofrece momentos de pausa y orientación. Por eso me gusta tanto trabajar a Frankl con estudiantes jóvenes: porque introduce preguntas que deberían acompañarnos toda la vida, pero que rara vez nos hacemos a tiempo. ¿Hacia dónde va mi vida? ¿Qué sentido tiene lo que hago cada día?

Si esas preguntas calan —aunque sea un poco—, ya hemos ganado mucho. Porque, como él mismo escribía, el sentido no se impone, se descubre. Y para descubrirlo necesitamos precisamente lo que nos falta: silencio, pausa, espacio mental, distancia del ruido. Necesitamos, paradójicamente, hacer menos... para vivir más profundamente.

«NECESITAMOS CABAÑAS»

Hace unos meses, durante una estancia en Boston, decidí visitar Walden Pond, el lugar donde Henry David Thoreau —filósofo y precursor de la desobediencia pacífica— se retiró a vivir durante más de dos años. Thoreau no es una figura especialmente conocida en España, pero su influencia en la historia contemporánea ha sido enorme. En su pequeña cabaña en el bosque escribió *Walden*, un libro donde reflexiona sobre la necesidad de simplificar la vida, vivir con intención y recuperar el contacto con lo esencial. Pero también escribió otro ensayo mucho más combativo, *Desobediencia civil* (*Civil Disobedience*, 1849), donde defendía la necesidad de oponerse, de forma pacífica pero firme, a leyes o sistemas injustos. Ese texto, breve pero poderoso, inspiró directamente a líderes como Gandhi, Martin Luther King Jr. o Nelson Mandela. Todos ellos encontraron en Thoreau una idea radicalmente transformadora: para cambiar el mundo, primero hay que aprender a tomar distancia de él.

Efectivamente, algo sucede cuando nos alejamos, aunque sea por unos días. Al cambiar el entorno, cambian nuestras prioridades; al apagar el ruido, se reordenan nuestros pensamientos. Es un mecanismo psicológico bien conocido: cuando estamos inmersos en el día a día, los problemas crecen, las emociones se entremezclan y todo parece urgente. Pero, al poner distancia −física o mental−, se activa otra parte del cerebro: el modo reflexivo, ese que permite ver las cosas desde fuera, organizar lo que sentimos, decidir con más calma. Por eso tantas personas tienen buenas ideas cuando están de viaje, caminando, en la ducha o conduciendo. Porque el foco se afloja, la mente se oxigena y emerge algo que en el fragor del día a día no puede aparecer, la perspectiva. Esta lógica no es solo aplicable al ámbito personal, y los equipos de fútbol profesional lo han entendido muy bien. Por eso hacen concentraciones antes de los partidos importantes y se retiran en pretemporada: no solo para entrenar físicamente, sino para desconectar del ruido externo y cohesionar el equipo. Las empresas más innovadoras como Google o IDEO también lo saben y reservan espacios y tiempos sin reuniones, sin correos, sin urgencias, solo para pensar, para crear. Escritores, músicos y científicos han buscado durante siglos este mismo principio, el retiro temporal como catalizador del pensamiento profundo.

No todos podemos irnos a una cabaña en el bosque, pero sí podemos construir pequeñas cabañas simbólicas: espacios de pausa; momentos de distancia; un paseo sin móvil; una libreta y un café; un viaje de pareja sin hijos, aunque sea corto; un fin de semana al año para pensar la vida. Especialmente en los matrimonios con hijos, en que la logística lo complica todo, estas pausas no son un lujo, sino una verdadera necesidad. Para volver a ver al otro, para revisar el rumbo, para hablar no de lo urgente, sino de lo importante. Como psiquiatra, recomiendo a muchos pacientes una práctica sencilla: escribir. Les pido que escriban lo que sienten, lo que piensan, aquello que los preocupa. No es literatura, es claridad, pues el simple hecho de plasmar en papel una preocupación nos obliga a estructurarla, y ese ejercicio, aunque parezca banal, tiene un gran efecto terapéutico. Lo vemos también cuando contamos un problema a alguien: al explicarlo, lo entendemos mejor, pues para contarlo primero tenemos que ordenarlo y, al ordenarlo, ya empieza a cambiar. El folio en blanco es el refugio más accesible que tenemos.

Las estrategias que hemos explorado a lo largo de este capítulo — reducir el *multitasking*, proteger la atención, recuperar la calma, cultivar el orden — no son fórmulas mágicas, pero sí un comienzo. Son formas de recuperar el timón en un mundo que constantemente tira de nosotros en mil direcciones, de reconectar con aquello que da sentido a lo que hacemos. Sobre todo, de proteger esa parte nuestra que no produce, no responde, no avanza..., pero que necesita espacio para simplemente ser.

Porque, si queremos vivir con más profundidad, necesitamos aprender a frenar. Y para frenar, necesitamos espacios, hábitos, cabañas simbólicas, no para huir del mundo, sino para volver a él con más claridad, más intención y presencia.

Capítulo 2
CUANDO TODO ES AHORA
Las consecuencias invisibles de la prisa permanente

VIVIMOS EN LA ÉPOCA DEL «AHORA MISMO»

Si en el capítulo 1 hablábamos de cerebros saturados, aquí conviene dar un paso más: nuestros cerebros, además de saturados, están impacientes. Vivimos en un entorno donde casi cualquier necesidad se satisface con un clic y con una rapidez que ninguna generación previa pudo siquiera imaginar. Sin embargo, nunca habíamos tenido tan poca tolerancia a la espera, al aburrimiento y a la frustración. Pensemos en algo tan simple como pedir comida. No hace tanto tiempo, si querías cenar *sushi* una noche de viernes, había que llamar por teléfono, esperar a que te atendieran, soportar el ruido del local de fondo, repetir la dirección tres veces porque no te oían bien, y después esperar entre 40 y 60 minutos sin saber exactamente cuándo llegaría. Hoy en día abrimos una aplicación, vemos el pedido moverse por un mapa en tiempo real y, si tarda cinco minutos más de lo previsto, nos irritamos. No es un juicio, es un hecho: nos hemos acostumbrado a que lo normal sea lo inmediato.

Esta facilidad tecnológica ha transformado nuestra relación con el tiempo y con el malestar. En términos de la pirámide de Maslow, la mayoría de las personas en sociedades desarrolladas tenemos relativamente cubiertas las necesidades básicas: alimentación, refugio, seguridad, incluso pertenencia social. Pero este supuesto progreso no se ha traducido automáticamente en bienestar emocional, sentido vital ni satisfacción profunda. De hecho, si miramos con atención los datos mundiales, encontramos una paradoja que resulta difícil de ignorar: la mayor parte de los suicidios se producen precisamente en los países de ingresos medios y altos. La OMS estima que más del 75 % de los suicidios registrados cada año ocurren en estas regiones, mientras que los países con menos recursos económicos muestran tasas significativamente más bajas.

¿Cómo se explica esto? ¿No debería ser al revés? ¿No tendría más motivos para sufrir quien menos tiene?

La respuesta no es sencilla. Los planes de prevención del suicidio son necesarios, pero a menudo se centran en la capa más superficial del problema: protocolos, cribados, campañas de sensibilización. Aunque todo ello es útil, los datos nos muestran que las tasas no descienden de manera significativa en muchos países desarrollados. Quizá porque la raíz del malestar contemporáneo es más compleja: cada vez nos cuesta más encontrar motivos para vivir; es como si tuviéramos cubiertas las necesidades básicas, pero descuidadas las necesidades profundas, la pertenencia real, el sentido, el propósito, el disfrute lento, la capacidad de esperar, de construir, de perseverar.

Aquí entra en escena uno de los motores silenciosos del sufrimiento moderno, la impaciencia crónica, esa intolerancia creciente a cualquier fricción o demora que se interponga entre nosotros y lo que queremos. La impaciencia no es un rasgo de la personalidad, sino un estado psicológico que se consolida cuando se repite muchas veces y, una vez consolidado, produce efectos muy claros:

1. Irritabilidad e hipersensibilidad emocional, especialmente ante tareas rutinarias o imprevistos menores.
2. Sensación de caos e ineficacia, como si todo fuese demasiado complicado.

3. Refugio en pantallas que proporcionan anestesia inmediata a través de estímulos rápidos, coloridos y sin fricción. Un patrón que se retroalimenta, pues cuanto más usamos las pantallas para evitar malestar, menos toleramos el malestar futuro.

El estado emocional condiciona cómo interpretamos la realidad. Permíteme describir una escena cotidiana que todos hemos vivido: imagina que vas a trabajar con tiempo de sobra, te subes al coche o al autobús, suena tu música favorita y te sientes bien. En ese estado, si aparece un pequeño atasco, lo recibes con cierta indiferencia: «Bueno, tardaré cinco minutos más». Si el metro se detiene en un túnel unos instantes, ni siquiera te molesta; te pones a mirar por la ventana o continúas con tus pensamientos.

Ahora cambia el escenario.

Vas con prisa, has salido tarde y tienes una reunión importante. Entonces el mismo atasco, idéntico al de antes, se experimenta como una verdadera agresión:

«¡Siempre igual!».

«¡Qué mala suerte tengo!».

«¡No llego, no llego, no llego!».

Si el metro se detiene dos minutos más de lo habitual, notas cómo tu respiración cambia, te tensas, empiezas a mirar el reloj compulsivamente. La situación externa es la misma, pero la diferencia está dentro: el estado emocional previo transforma la percepción de la realidad. Cuando estamos tranquilos, la vida parece cooperar. Pero, cuando vamos tensos, la vida parece atacarnos. Es lo mismo que sucede con la impaciencia: no es el atasco, ni el metro, ni el pedido ni Amazon; se trata de la erosión interna de nuestra tolerancia a la espera.

Una vez escuché una charla fantástica de Pablo España Osborne (fundador de We Area Seekers y cofundador de OkkO), que abordaba este asunto con mucho acierto. Contaba cómo, en el metro de Madrid, observaba cada mañana cientos de personas corriendo escaleras abajo para subirse al vagón..., aunque sabían perfectamente que otro llegaría en cuestión de minutos. Esa carrera —ese pequeño esprint— es el símbolo perfecto de nuestro tiempo. Su pregunta, tan simple como reveladora, era: «¿Por qué corres en el metro si pasa cada cuatro minutos?». Corremos porque hemos interiorizado que esperar es perder, que detenerse es fracasar, que llegar un minuto más tarde es una señal de vida mal gestionada. Pero no es cierto, esa narrativa solo revela hasta qué punto la cultura de la prisa ha colonizado nuestra manera de vivir.

Para terminar, como veremos en este capítulo, esa colonización mental tiene un precio: más ansiedad, frustración, irritabilidad, mayor sensación de vida invivible. El problema no es el metro, es que hemos olvidado cómo esperar.

UN CEREBRO PREPARADO PARA LA ESPERA VIVIENDO EN UN MUNDO INSTANTÁNEO

Durante casi toda la historia humana, la vida exigía esperar, y esa espera tenía un sabor que hoy hemos olvidado. Yo lo recuerdo con una claridad casi física. Tenía once y doce años cuando pasé un trimestre en Irlanda y me carteaba con mis familiares y amigos; aún conservo esas cartas. Me encantaba escribirlas, siempre buscaba un rato tranquilo, me sentaba con cuidado, pensaba lo que quería contar y lo plasmaba con una mezcla de cariño, dedicación y torpeza infantil. Pero lo verdaderamente mágico era lo que venía después: la emoción indescriptible de recibir una carta. Tenía que esperar dos semanas aproximadamente para que llegara la contestación; aun así, el simple hecho de verla en el buzón ya era una alegría inmensa. No hacía falta que el contenido fuera extraordinario. El placer era la espera, el proceso, el tiempo que había entre que uno enviaba algo y el otro respondía. Hoy también recibimos mensajes, correos, buenas noticias... Pero aquella especie de dulce anticipación —esa ilusión que se construía durante días— es difícil de replicar en un mundo donde casi todo llega en segundos. Quizá por eso, para algunos, la cultura de la inmediatez es todavía más peligrosa.

Yo siempre he sido un poco impaciente. De pequeño, más de una vez me comía el bocadillo antes de que llegara el recreo, pero entonces el recreo perdía un poco su magia. Hay personas más vulnerables a esta necesidad de «ahora mismo», y me incluyo entre ellas. La buena noticia es que, con el tiempo, uno aprende a ver esa tendencia, a reconocerla y contrarrestarla. Pero lo que no podemos ignorar es que, como sociedad, estamos creando un entorno que alimenta justo esa parte más débil de nosotros. Hemos construido un ecosistema de comida en minutos, entretenimiento inagotable en segundos y acceso ilimitado a estímulos diseñados para captar nuestra atención. Aunque en muchos sentidos esto es progreso, tiene un coste psicológico profundo: la inmediatez se ha convertido en una nueva forma de fragilidad emocional.

Lo vemos a diario. Personas que se desesperan si su pedido de comida tarda 40 minutos, si Amazon no entrega «en el mismo día», si una página web tarda unos segundos más de lo esperado en cargar o si un antidepresivo no empieza a funcionar en cinco días, cuando sabemos que necesita de tres a cuatro semanas. Lo que antes se vivía como un pequeño retraso hoy se vive como un atentado a nuestro bienestar. Esta transformación tiene raíces neurobiológicas claras. El sistema de recompensa —dirigido por la dopamina y muy de moda en la actualidad— está diseñado para reforzar el esfuerzo y la anticipación. Lo que más nos motiva no es recibir la recompensa, sino acercarnos a ella. Pero, cuando vivimos rodeados de estímulos que proporcionan placer inmediato y sin esfuerzo, el sistema de recompensa se recalibra: pierde sensibilidad ante los estímulos naturales, exige gratificaciones cada vez más rápidas y convierte la demora en una experiencia insoportable. Por eso aumentan la ansiedad ante la espera, la distracción constante y la incapacidad de sostener procesos largos como estudiar, leer o perseverar en una meta.

Este fenómeno se ve con gran claridad en las adicciones, que representan la forma extrema de lo que hoy nos ocurre, en menor escala, a muchos. La cocaína, por ejemplo, bloquea la recaptación de dopamina y produce un pico artificial de intensidad que el cerebro no puede replicar con estímulos cotidianos. Estudios de neuroimagen han demostrado que su consumo repetido reduce la actividad de la corteza prefrontal – área clave para el autocontrol y la toma de decisiones – y convierte a la persona en alguien impulsivo, irritable e incapaz de tolerar la frustración. No es un fallo moral, se trata de neurobiología. Cuando el cerebro se acostumbra a un placer instantáneo y masivo, cualquier demora se vive como una amenaza.

La pornografía opera bajo un principio similar. No es solo una cuestión moral o cultural, es también un fenómeno neurobiológico. Múltiples investigaciones han demostrado que un consumo habitual de pornografía se asocia con una menor activación del sistema de recompensa ante estímulos sexuales reales. Es decir, cuanto más se expone una persona a pornografía intensa y cambiante, menos responde su cerebro al sexo humano auténtico, con su ritmo natural, su vulnerabilidad, su imperfección y su intimidad emocional. La pornografía ofrece algo que la vida no puede igualar: variedad infinita, intensidad artificial y accesibilidad inmediata. El profesor Miguel Ángel Martínez-González, en su libro *Salmones, hormonas y pantallas*, lo explica con una metáfora brillante: así como los cigarrillos son dispositivos de liberación rápida de nicotina y los ultraprocesados son dispositivos de liberación rápida de azúcar, los móviles se han convertido en dispositivos de liberación rápida de orgasmos. Y un cerebro que recibe orgasmos instantáneos pierde sensibilidad para la sexualidad real. En este sentido, recomiendo leer este libro del doctor Martínez-González, pues es verdaderamente ilustrativo.* También recomiendo leer a todo el que esté interesado en conocer el impacto que la pornografía tiene en nuestra salud y su efecto en nuestra forma de relacionarnos y en nuestras relaciones sexuales el libro de Alejandro Villena *¿Por qué no? Cómo prevenir y ayudar en la adicción y la pornografía*. He comenzado a colaborar recientemente con él, ya que es uno de los sexólogos más reputados de España y uno de los referentes más sólidos en el estudio del impacto de la pornografía en la salud.

Desde ahí, el salto al *chemsex* es casi lógico. Cuando la pornografía deja de estimular lo suficiente, algunos buscan una intensidad mayor combinando sexo con sustancias que multiplican la dopamina —metanfetamina, mefedrona, GHB—. Estos consumos producen niveles de euforia que ningún vínculo humano puede replicar, pero después llega la caída: días enteros de vacío emocional, anhedonia, ansiedad, dificultades para conectar con otros. El cerebro, literalmente, queda exhausto. La lógica siempre es la misma: si entrenas tu cerebro para necesitar estímulos extremos, la vida cotidiana empieza a no saber a nada. Lo más inquietante es que esta dinámica no se limita a drogas o sexualidad: también está penetrando en ámbitos médicos que nada tienen que ver con adicciones. Un ejemplo actual son los agonistas GLP-1 —como la semaglutida o la tirzepatida—, fármacos inicialmente desarrollados para la diabetes que hoy revolucionan el tratamiento de la obesidad. Desde el punto de vista médico, son extraordinarios, pues ayudan a perder entre un 15 y un 20 % del peso corporal, reducen

---

* Puedes encontrar más información sobre el tema en Álvarez de Mon, M. Á. (2023). «El libro top ventas en Amazon que recomienda leer nuestro psiquiatra de cabecera», *Telva*, <https://www.telva.com/bienestar/psicologia/2023/02/10/63e503a50 2136ed36c8b456d.html>. Además, en el episodio 22 de mi pódcast *Psiquiatría Today* podéis encontrar una entrevista que realicé al autor sobre su libro.

el riesgo cardiovascular y han cambiado radicalmente la práctica clínica. Pero hay algo más: han triunfado culturalmente porque encajan perfectamente con nuestra mentalidad de inmediatez.

La obesidad responde bien — siempre que se sigan las pautas — a dieta, ejercicio, progresividad y constancia, pero eso implica meses de esfuerzo sostenido. En una sociedad que ya no tolera la demora, ofrecer un medicamento que produce resultados visibles en pocas semanas es un cóctel irresistible. Los datos lo demuestran: en 2023, Ozempic y Wegovy fueron los medicamentos con mayor crecimiento de ventas en todo el mundo; solo Novo Nordisk aumentó sus ingresos un 30% ese año, y Estados Unidos llegó a experimentar desabastecimientos por la magnitud de la demanda. El éxito clínico es real, pero también lo es el éxito simbólico, ya que los GLP-1 representan la victoria cultural de la solución rápida frente al proceso lento. No se trata de cuestionar su utilidad — son una herramienta fantástica, yo mismo los prescribo cuando están indicados; sinceramente, también los he usado como paciente —, sino de entender lo que revela su popularidad, que cada vez más personas buscan soluciones inmediatas para problemas que requieren transformación, no solo tratamiento. Eso nos devuelve al punto central: la inmediatez sostenida debilita la musculatura psicológica que necesitamos para vivir bien. No porque la inmediatez sea mala, sino porque el cerebro humano no fue diseñado para vivir permanentemente en ella.

LA DESAPARICIÓN DEL MÚSCULO PSICOLÓGICO DE LA ESPERA

Si en los apartados anteriores hablábamos de la impaciencia como un efecto del entorno, aquí conviene mirar hacia dentro: la paciencia no es un rasgo innato, es un músculo psicológico y, como cualquier otro músculo, si no se usa, se debilita. Muchas personas creen que la paciencia es algo que se tiene «por personalidad», como quien tiene ojos azules o un tono de voz suave. Pero no es verdad, la paciencia se entrena, se construye en la vida cotidiana, con microgestos, con pequeñas renuncias, con esperas voluntarias. Si dejamos de ejercitarla porque todo en nuestro entorno es inmediato, perdemos la capacidad de sostener el malestar natural de la vida. Uno de los errores de nuestro tiempo es interpretar cualquier malestar como un problema que hay que resolver de inmediato. Sin embargo, gran parte de los malestares cotidianos son transitorios por naturaleza, van y vienen, aparecen, molestan, incomodan... y desaparecen solos. El problema es que, si no sabemos esperar, convertimos molestias pequeñas en crisis personales.

En la práctica clínica esto se ve con nitidez. Un porcentaje enorme de citas de atención primaria no se llegan a cumplir porque, cuando llega el día de la cita, el malestar ya se ha resuelto. Esto no es un fenómeno que ocurra solo en España, sucede en todos los países occidentales en mayor o menor medida. Estudios realizados en el sistema de salud británico muestran que alrededor del 6-7 % de las citas programadas no se cumplen porque los síntomas han remitido antes de la consulta. En España, informes de distintas comunidades autónomas sitúan este fenómeno dentro de lo que se conocen como citas *«incomparecidas»*, que superan en algunos casos el 10-12 %. Sin duda, influye la saturación de la sanidad pública. Pero, aun considerando esto, el patrón es evidente: muchos malestares que sentimos como insoportables... no duran tanto como creemos.

No solo nos cuesta tolerar nuestro propio malestar, sino que también nos cuesta tolerar el malestar de los demás. Esto se ve con facilidad en los parques infantiles. A los padres cada vez nos cuesta más tolerar la incomodidad —la nuestra y la de los niños—. Nos inquieta ver a nuestro hijo aburrido y, sin darnos cuenta, transmitimos un mensaje que empobrece emocionalmente: «Si algo te incomoda, elimínalo ya». Sin embargo, sabemos que la capacidad de tolerar el aburrimiento es uno de los mejores predictores de la autorregulación emocional. ¿Por qué? Porque el aburrimiento es la antesala de la creatividad, del autocontrol, de la capacidad de gestionar los propios impulsos. Cuando un niño puede estar con su aburrimiento sin romperse, está entrenando el mismo músculo que necesitará después para estudiar sin distracciones, para mantener una conversación difícil, afrontar una decepción o perseverar en una meta que no ofrece placer inmediato.

Muchos lectores lo habrán experimentado en su propia vida adulta. ¿Cuántas veces intentamos ver una película y sentimos el impulso de mirar el móvil cada pocos minutos? ¿Cuántas veces nos proponemos leer y terminamos abriendo Instagram casi sin darnos cuenta? Ese pequeño nerviosismo es exactamente la emoción que deberíamos aprender a sostener. Son segundos que duelen... pero que entrenan. El problema es que nuestra cultura actual ha eliminado casi todas las pequeñas oportunidades de ejercitar la paciencia que antes existían de forma natural: esperar en colas sin distracciones, aguantar tiempos muertos, convivir con el silencio, caminar sin auriculares, mirar por la ventana del autobús. Hoy esas «zonas de entrenamiento emocional» casi han desaparecido y, cuando aparecen, las sofocamos con pantallas. Por eso, la paciencia no va a volver sola; hay que cultivarla deliberadamente. Aquí van algunos ejercicios sencillos, muy breves, pero potentes:

1. No saques el móvil en colas cortas. Permanece presente.
2. Escucha una canción entera sin saltarla.
3. Cuando un vídeo tarde en cargar, espera y aguanta unos minutos antes de cambiarlo.
4. Retrasa pequeños placeres: tomar un café cinco minutos más tarde, responder un mensaje después, posponer un *snack* momentáneo.

5. Deja que tus hijos se aburran. No es abandono, sino crecimiento emocional.

6. Haz una actividad lenta cada día, como pelar fruta, doblar ropa, regar plantas... sin estímulos añadidos.

7. Ve una película sin mirar el móvil o termina una actividad laboral antes de mirarlo.

8. Haz un puzle.

9. No añadas azúcar al café, espera al segundo plato para beber o haz alguna renuncia similar en la comida para ayudar a tolerar mejor el malestar (no acceder a nuestras necesidades ni demandas de manera inmediata).

10. Sube las escaleras en vez de coger el ascensor.

En términos psicológicos, estas pequeñas prácticas son equivalentes a levantar pesas. La paciencia no se construye leyendo sobre ella, se construye viviéndola. Aquí aparece la idea clave: si no sabemos esperar, cualquier malestar mínimo se convierte en sufrimiento. Si no podemos tolerar una emoción desagradable unos minutos, la sentiremos como insoportable. Si no podemos convivir con el aburrimiento, necesitaremos estímulos cada vez más intensos. Si no podemos aceptar que algo tarda, viviremos en estado de amenaza constante. Por eso la espera es un músculo y por eso, cuando dejamos de entrenarlo, no solo perdemos paciencia, sino también fortaleza. En el fondo, también perdemos libertad.

LA TRAMPA DEL MÍNIMO ESFUERZO: PASIVIDAD, ABULIA Y PÉRDIDA DE VOLUNTAD

A todo lo que describíamos en los apartados anteriores —la impaciencia, la dificultad para esperar, la recalibración del cerebro en relación con la recompensa inmediata — se le une otro fenómeno igual de decisivo: la crisis de voluntad. No es que la impaciencia haya sustituido a la voluntad, sino que ambas se alimentan mutuamente. Cuanta menos paciencia tenemos, menos voluntad desplegamos; y cuanta menos voluntad ejercitamos, más impacientes nos volvemos. La voluntad, igual que la paciencia, es un músculo psicológico que, cuando se deja de usar, también se atrofia.

La voluntad es lo que nos permite hacer cosas que no apetecen ahora, pero que tienen sentido para el yo del futuro. La voluntad, junto con la paciencia, es la fuerza que sostiene una relación cuando no es sencilla, que mantiene un proyecto profesional cuando no da recompensas inmediatas, que ayuda a un estudiante a seguir estudiando aunque esté cansado, que empuja a entrenar aunque haga frío. Pero para que ese músculo se active necesita algo fundamental: ilusión, que es el combustible emocional de la voluntad. Cuando uno tiene una meta que le motiva — aprender algo, mejorar en algo, preparar algo, construir algo — , la voluntad se pone en marcha. Pero, cuando vivimos saturados de estímulos pasivos que nos dan placer sin esfuerzo, la ilusión se apaga, y con ella la fuerza necesaria para sostener cualquier proceso.

Esto nos conduce a una dinámica muy clara — y muy estudiada en psicología motivacional — : los círculos viciosos y los círculos virtuosos del comportamiento humano. Las actividades pasivas generan más pasividad y las actividades activas generan más actividad. Lo sabemos por experiencia: después de un fin de semana entero enganchados a series, solemos sentir más sueño, más pesadez, más pereza y más deseo de sofá. Curiosamente, cuanto más descansamos «sin esfuerzo», más cansados nos sentimos. Pero ocurre lo contrario cuando hacemos una actividad que requiere cierto compromiso físico o mental. Tras una carrera exigente, una caminata larga, un partido con amigos, incluso una tarde de ajedrez o de lectura profunda, nos sentimos más despiertos, más despejados, más vivos. La neurociencia lo explica: las actividades que requieren esfuerzo activan circuitos dopaminérgicos y noradrenérgicos que permanecen activos durante horas, produciendo sensación de vitalidad. Las actividades pasivas, en cambio, activan un placer corto que se apaga rápido y deja una especie de vacío de energía.

La ciencia lleva años observando este fenómeno. Varios estudios han demostrado que los adolescentes que realizan actividades extraescolares estructuradas – deporte, música, teatro, clubes académicos – presentan mejor rendimiento escolar, menos absentismo y mayor bienestar emocional. Por ejemplo, un estudio publicado en *Developmental Psychology* mostró que los estudiantes que participan en actividades deportivas tienen un 7-10 % más de probabilidad de obtener mejores calificaciones respecto a sus compañeros sedentarios. Otro estudio de la American College Health Association señala que los universitarios que practican deporte de forma regular reportan menos síntomas depresivos y ansiosos, y obtienen mejor rendimiento académico que aquellos que no realizan actividad física. No es casualidad: la voluntad, igual que el músculo físico, se fortalece cuando se usa.

Los deportes de equipo entrenan la cooperación, la disciplina, el compromiso con un grupo y la tolerancia a la derrota. El ajedrez y otros juegos de estrategia fortalecen la concentración, la paciencia, la gestión de la frustración. Los juegos de mesa exponen a la espera, a la alternancia de turnos, a la aceptación de perder sin dramatizar. Los instrumentos musicales enseñan la repetición, la constancia, la renuncia al resultado inmediato. Todas estas prácticas comparten el mismo secreto: la recompensa está al final, no al principio; precisamente por eso construyen carácter, son gimnasios de voluntad, y un adulto con voluntad entrenada no solo vive mejor, vive con más libertad, estabilidad e ilusión. Porque la voluntad no solo sostiene el esfuerzo, es la que permite que la ilusión vuelva a aparecer.

LA SOCIEDAD DEL «TODO FÁCIL»: PROMESAS IRREALES QUE DESTRUYEN LA AUTOESTIMA

Otra de las características de nuestra época es la proliferación casi cómica —si no fuera tan dañina— de promesas mágicas. Basta abrir Instagram para encontrarse con ofertas que aseguran que puedes aprender un idioma en tres semanas, transformar tu cuerpo en veintiún días, hacerte rico desde casa sin esfuerzo o cambiar tu vida simplemente levantándote a las cinco de la mañana. Si todo esto fuese cierto, hoy viviríamos en un mundo lleno de gente políglota, tonificada, millonaria y saltando de la cama antes del amanecer con una sonrisa beatífica. Seríamos una humanidad de semidioses productivos, iluminados y perfectamente equilibrados. Pero no es así, la realidad es otra, muy otra.

De hecho, si miramos los datos objetivos, las promesas caen por su propio peso. El prestigioso Foreign Service Institute de Estados Unidos estima que para alcanzar un nivel intermedio-alto de inglés (B2) se necesitan entre 480 y 720 horas de estudio, dependiendo del idioma materno del alumno. Eso no son tres semanas, sino unos cuatro o cinco meses de dedicación diaria. En cuanto a la mejora física, las guías clínicas internacionales señalan que la pérdida de grasa sostenible ocurre a un ritmo de entre 0,5 y 1 kilo por semana. No existe ninguna transformación seria en veintiún días. Y la riqueza inmediata... Basta mirar los informes de la Federal Trade Commission para comprobar que el 90 % de los «negocios milagro» acaban generando pérdidas para el comprador, no ganancias. Pero aun así seguimos cayendo en estas promesas. ¿Por qué? Pues porque contienen un mensaje doble tan seductor como tóxico: primero nos dicen que «todo es fácil» y después, cuando no lo logramos, nos susurran que «si no lo consigues es culpa tuya». Esa combinación resulta devastadora para la salud mental, pues uno desea creer que su vida puede cambiar rápido, quiere aferrarse a la esperanza de que no tendrá que atravesar procesos largos, tediosos, a veces dolorosos. Sin embargo, cuando la promesa se rompe, la culpa cae sobre la persona: «No tengo fuerza de voluntad», «soy un desastre», «a todo el mundo le funciona menos a mí».

El daño emocional de estas promesas irreales es profundo. Erosionan la autoestima porque la persona personaliza el fracaso; alimentan la autoexigencia patológica porque siente que debería rendir a niveles sobrehumanos, y generan sensación de ineficacia porque extrapola este «fracaso» a otros ámbitos de la vida («si no puedo con esto, no puedo con nada»), fomentando comparaciones injustas, especialmente en un entorno en el que otros aparentan progresar de forma milagrosa gracias a métodos exprés. Lo más perverso es que estas promesas no solo no funcionan, sino que secuestran nuestra relación con el esfuerzo. Nos hacen creer que, si algo cuesta, está mal; que la incomodidad es señal de error y que el proceso no debería doler. Pero la vida real no funciona así: los idiomas requieren meses, no semanas; los cuerpos cambian en años, no en retos virales; los proyectos profesionales necesitan años, no un curso milagro, y el bienestar emocional se construye en procesos, no en atajos. En realidad, lo que estas promesas destruyen no es la capacidad de lograr algo, sino la paciencia para permitirnos hacerlo a nuestro propio ritmo. Cuando una persona pierde paciencia, pierde autoestima, pues comienza a sentirse siempre por detrás, insuficiente, inferior a un estándar imposible. Ese es el verdadero daño: convertir la vida en una carrera contra expectativas irreales que solo generan frustración.

Sin embargo, hay algo liberador que conviene recordar: no necesitamos vidas fáciles, sino vidas posibles; no necesitamos métodos milagrosos, sino procesos que no nos humillen; no necesitamos compararnos con los ritmos de nadie, sino comprender los nuestros. Sobre todo, necesitamos recuperar esta verdad tan elemental como olvidada: que nada que valga la pena se construye en veintiún días. Pero casi todo lo que vale la pena se puede construir si dejamos de perseguir milagros y empezamos a comprometernos con procesos reales.

UNA SOCIEDAD SEDIENTA DE ESTÍMULOS: CUANDO EL PLACER INMEDIATO SE CONVIERTE EN VACÍO

Si en los apartados anteriores hablábamos de impaciencia, de fragilidad ante la espera y de pérdida de voluntad, aquí conviene dar un paso más hondo. Hemos pasado a vivir en una cultura extremadamente sedienta de estímulos, con más vías que nunca para acceder al placer rápido, y casi ninguna barrera que nos obligue a esperar o a esforzarnos. Nunca habíamos tenido tantas oportunidades para evitar el malestar, ni tan poca tolerancia a cualquier forma de incomodidad. No se trata de hacer un juicio moral, sino de hacer un diagnóstico cultural. Tomemos un ejemplo paradigmático: la obesidad. Hoy, alrededor del 16 % de los adultos del planeta vive con obesidad, según la OMS. Pero el dato más revelador es la evolución: entre 1990 y 2022, la prevalencia mundial se ha duplicado con mucho, y en muchos países occidentales (Estados Unidos, Reino Unido, España) se ha triplicado entre niños y adolescentes. En España, la obesidad adulta ha pasado aproximadamente del 13 % en 1993 a más del 22 % en 2023. No estamos ante un fenómeno biológico, sino cultural. Vivimos rodeados de comida ultraprocesada, diseñada artificialmente para estimular nuestro sistema de recompensa: productos altos en grasas, azúcares, sales y aditivos que producen picos dopaminérgicos intensos; no comemos por hambre, sino para sentir placer. Otro dato elocuente es el consumo de psicofármacos. España se encuentra entre los países europeos con mayor uso de benzodiacepinas, y el consumo de antidepresivos se ha multiplicado por 2,5 en los últimos quince años. La pregunta no es si estos fármacos son útiles, pues lo son, y mucho. La pregunta es: ¿por qué cada vez hay más gente que se encuentra mal?

Las industrias del juego – especialmente la *online* – y de la pornografía están en máximos históricos. Quiero volver a hablar de pornografía porque me parece que su auge revela un vacío muy profundo. El negocio pornográfico mueve decenas de miles de millones de dólares al año. Pero lo más inquietante no es su tamaño, sino sus sombras: trata de personas, explotación, violencia, pornografía infantil. Conviene que nos detengamos un momento como sociedad. Cuando se estrenó *Sonido de libertad*, de Eduardo Verástegui, película centrada en la lucha contra la explotación sexual infantil que me pareció sensacional, ninguna gran productora respaldó su distribución masiva. El silencio mediático alrededor de una película que denuncia uno de los delitos más atroces de nuestro tiempo debería hacernos reflexionar.* Si ampliamos el foco, aparecen casos como el de Jeffrey Epstein, cuyo entramado implicó a figuras del poder económico, político, intelectual y mediático. Los documentos que han salido a la luz muestran un patrón incómodo: no es un problema marginal, se trata de un problema sistémico. Si personas tan influyentes caen en prácticas tan dañinas, ¿qué revela eso de nuestra cultura del estímulo, de la ausencia de límites, de la búsqueda constante de excitación?

Cuando una sociedad deja de cultivar la interioridad, la trascendencia, el sentido, los vínculos profundos o el propósito, la persona queda reducida a una sola identidad, la de consumidor.

---

* Puedes encontrar la entrevista que le hicieron a Eduardo Verástegui sobre la película en el episodio 99, «La oscura realidad del tráfico de niños», del pódcast *Aladetres*.

Pero un consumidor sin límites sigue siempre la misma trayectoria: del gusto → al exceso → al abuso → a la dependencia → al vacío. El placer inmediato, en ausencia de un proyecto vital, se convierte en un sustituto del sentido. Ningún estímulo es suficientemente intenso ni frecuente como para llenar ese hueco, por eso hace falta cada vez más: mayor contenido, más sexo, comida, compras, juego, psicofármacos, pantallas.

LA LÓGICA DE LA INMEDIATEZ EN EL AMOR Y EN EL TRABAJO: VÍNCULOS QUE CADA VEZ NOS CUESTA MÁS CULTIVAR

La cultura de la inmediatez no solo está moldeando cómo comemos, compramos o nos entretenemos, también está infiltrándose en los dos ámbitos que más determinan el curso de una vida: el trabajo y las relaciones sentimentales. Y lo está haciendo con una fuerza que, a pesar de sus matices positivos, también está erosionando la capacidad humana de sostener procesos largos, atravesar dificultades y cultivar proyectos que solo florecen con tiempo, paciencia y renuncia.

En el mundo laboral, es cierto que las nuevas generaciones nos movemos más. Ya no existe aquella fidelidad casi vitalicia a una sola empresa que caracterizó a nuestros padres y abuelos. Hoy los jóvenes buscan entornos más estimulantes, flexibles, compatibles con sus valores. Esa movilidad tiene beneficios claros: evita el estancamiento, promueve el aprendizaje continuo y favorece la exploración de oportunidades reales. Pero, al mismo tiempo, la lógica de «si no me gusta, me voy» puede convertir cualquier incomodidad, conflicto o frustración en una excusa para abandonar. Cuando crecemos en un contexto donde casi todo es reemplazable, también empezamos a creer que los proyectos profesionales deberían salir a la primera, y lo cierto es que las tensiones, las decepciones y los periodos complicados forman parte de la vida.

En las relaciones sentimentales ocurre algo similar. Nunca habíamos tenido tanta libertad para elegir pareja, ni tantas oportunidades de conocer a nuevas personas. Sin embargo, esa abundancia, lejos de facilitar el compromiso, lo dificulta. Hoy el amor está atravesado por una lógica casi consumista: si una relación no funciona perfectamente desde el principio, si algo se complica, si surge una discusión o un desafío, aparece la sombra de una idea que flota en el inconsciente colectivo: «¿Y si hay alguien mejor ahí fuera?». Antes, las parejas crecían juntas en la dificultad; hoy, la dificultad se vive como un error del vínculo y, sin capacidad de atravesar fricciones, es difícil construir relaciones sólidas. Los datos ayudan a entender el fenómeno. En España, la edad media del primer matrimonio ha pasado de 28,2 años en 2001 a 34,7 años en 2022. La edad del primer hijo ha subido de 29,4 años a casi 32, y somos el segundo país de la Unión Europea con menor tasa de natalidad: apenas 1,19 hijos por mujer. Además, el porcentaje de mujeres sin hijos se ha duplicado en dos décadas, del 10 al 23 %. Estas cifras no se explican por una sola razón: influyen la precariedad, el precio de la vivienda, los cambios culturales y las expectativas laborales. Pero, junto a esos factores, también está operando una mentalidad nueva: postergamos los proyectos que requieren tiempo y sacrificio, porque vivimos inmersos en una cultura que nos ha convencido de que lo valioso debería ser fácil, y que lo difícil quizá no merece la pena.

En este contexto aparece otro fenómeno revelador, que es el auge de las mascotas como sustituto afectivo. España cuenta hoy con 29 millones de mascotas —más que niños menores de quince años—, un número que no deja de crecer, junto con un gasto veterinario que se ha disparado en la última década. Las mascotas aportan compañía, ternura, cariño... Pero exigen menos renuncia, responsabilidad y transformación personal que un hijo. No es una crítica, es un síntoma cultural. En un mundo que idolatra el confort, buscamos vínculos que acompañen, pero que no interpelen. Cariño sin sacrificio, afecto sin dificultad, vínculo sin renuncia. Del mito de la conciliación —otro ejemplo de promesa irreal— hablaremos en detalle en el capítulo 4.

Lo que se construye sin resistencia se sostiene poco, pero lo que se construye con paciencia no se cae. En este sentido, me parece interesante la historia del bambú japonés: durante años, no crece ni un centímetro. Pero bajo tierra está formándose una red de raíces tan profunda que, cuando finalmente brota, puede crecer más de veinte metros en cuestión de semanas. La fuerza visible es posible porque antes hubo un proceso invisible. La impaciencia, en cambio, es la lógica del árbol de crecimiento rápido: crece enseguida, luce bien desde fuera, pero, en cuanto llega una tormenta, se parte.

La tendencia actual a retrasar decisiones vitales —formar pareja estable, comprometerse a largo plazo, tener hijos— no es solo un cambio sociológico, también es un reflejo psicológico de una cultura que teme la renuncia y evita el sufrimiento. Pero lo paradójico es que las cosas que más feliz hacen a una persona suelen ser, precisamente, las que requieren más renuncia, más tiempo, profundización y espera. La gratificación rápida entretiene, pero la gratificación lenta construye vida.

Posiblemente, el gran desafío de nuestra época sea recordar que la felicidad no se encuentra en lo que llega rápido, sino en lo que se cultiva: en los vínculos que cuesta sostener, en los proyectos que exigen paciencia, en las decisiones que implican perder algo para ganar otra cosa más valiosa. La vida no nos pide inmediatez, sino raíces. Porque lo único que permanece no es lo que se obtiene pronto, sino lo que se construye bien.

Capítulo 3
LAS REDES SOCIALES Y LA TRAMPA DE LA COMPARACIÓN CONSTANTE
¿Realmente estamos más conectados o solo más aislados?

NI ÁNGELES NI DEMONIOS: CÓMO ABORDAMOS LOS CAMBIOS

Hay algo que se repite una y otra vez en la historia de la humanidad: cuando aparece una nueva herramienta que cambia nuestras costumbres, lo primero que sentimos no es entusiasmo, sino miedo. El miedo es una reacción profundamente humana, en especial cuando lo que está en juego es la educación de los hijos, la salud mental o la integridad de los vínculos afectivos. A lo largo de los siglos, cada avance tecnológico ha provocado simultáneamente fascinación y alarma. Y, aunque hoy nos cueste admitirlo, nosotros no somos tan distintos de quienes vivieron esos cambios antes que nosotros.

Uno de los episodios más reveladores sucedió en el siglo xv, con la invención de la imprenta. Nos parece hoy un símbolo de progreso, pero en su momento fue vista por muchos como una amenaza. Algunos monjes y eruditos temían que la lectura masiva debilitara la memoria y la reflexión. Hasta entonces, el conocimiento se transmitía lentamente, de maestro a discípulo o a través de manuscritos elaborados a mano en los monasterios. De repente, los libros podían multiplicarse a una velocidad jamás antes imaginada. «¿Si todos pueden leer, quién controlará el conocimiento?», se preguntaban. Para algunos, aquello no era una promesa de progreso, sino el fin de un orden espiritual e intelectual cuidadosamente protegido.

La historia de Johann Fust, socio financiero de Gutenberg, refleja bien ese desconcierto. Cuando llegó a París con cajas llenas de libros idénticos, impresos con una precisión nunca vista, muchos lo acusaron de brujería. Nadie era capaz de explicar cómo podían existir tantas copias perfectas sin intervención divina o demoniaca. Hoy nos reímos de aquello, pero la reacción nos delata: cada vez que surge una tecnología que acelera o amplifica algo que antes era lento y escaso, aparece el temor a perder el control. El mismo argumento reaparece una y otra vez, con distinta máscara, en cada época.

Tres siglos más tarde, el miedo reapareció con la llegada del ferrocarril. A principios del siglo XIX, viajar a más de 50 kilómetros por hora era considerado un riesgo para la salud. Algunos médicos advertían sobre una supuesta enfermedad llamada «locura ferroviaria». Afirmaban que esa velocidad podía alterar el sistema nervioso, causar distorsiones visuales o incluso un colapso mental. Los periódicos se hacían eco de estos temores y prevenían a los viajeros de las posibles consecuencias de someter al cuerpo humano a velocidades tan «antinaturales». Era un miedo comprensible: por primera vez, una máquina permitía al ser humano moverse más rápido que cualquier animal terrestre. El ritmo del mundo se estaba acelerando, y muchos sentían que su propia experiencia del tiempo y del espacio se desmoronaba.

Pero el miedo al cambio no siempre se manifiesta en forma de teorías médicas extravagantes. A veces, adopta la forma de resistencia activa. La historia de Ned Ludd, el mítico trabajador textil de Nottingham, es un buen ejemplo. A principios del siglo XIX, cuando los telares mecánicos empezaron a sustituir el trabajo manual en las fábricas, Ludd se convirtió en símbolo de un movimiento de protesta que llegó a quemar máquinas y enfrentarse a las autoridades. Para él y para miles de trabajadores, aquellos telares no representaban progreso, sino una amenaza directa a sus medios de vida. La tecnología permitía fabricar más rápido y, en muchos casos, con mejor calidad. Pero ese avance implicaba que sus habilidades tradicionales perdían valor. El movimiento ludita, aunque hoy se usa como sinónimo de rechazo irracional a la tecnología, nació del miedo real a quedar excluidos, a no encontrar un lugar en el nuevo orden económico.

Ese mismo temor aflora hoy en la industria cinematográfica. En Hollywood, la irrupción de la inteligencia artificial ha generado reticencias profundas. Guionistas, actores y otros profesionales del sector temen que la IA pueda reemplazar parte de su trabajo, desde escribir escenas y diálogos hasta recrear voces o rostros digitales. No temen la herramienta en sí, sino la posibilidad de volverse prescindibles. El miedo detrás de esta reacción es el mismo que movió a los obreros de Nottingham o a los copistas medievales: la inquietud de que una máquina pueda ocupar su lugar. Quizá otro ejemplo para entender este fenómeno sea el coche. Pocas máquinas han transformado tanto la vida moderna y, sin embargo, desde el principio los coches trajeron riesgos evidentes. La respuesta nunca fue prohibirlos, sino regular su uso y mejorar las infraestructuras. Las medidas de la DGT —limitar la velocidad, implantar el carnet por puntos, sancionar las imprudencias, etc.— han salvado miles de vidas. Pero estas medidas evidentemente se deben acompañar de carreteras seguras, iluminación adecuada, señalización clara y vehículos mejor diseñados. Aun así, siempre habrá un porcentaje pequeño de personas que haga mal uso del coche. Y lo asumimos. Porque entendemos que no es el coche el que resulta peligroso, sino el uso irresponsable. Lo mismo ocurre con las redes sociales, con la inteligencia artificial o con cualquier avance tecnológico: el problema no es la herramienta, sino nuestra relación con ella.

Hoy vemos este debate con especial claridad en el ámbito educativo. Muchos profesores prohíben ChatGPT porque temen que los alumnos lo usen para evitar pensar o para copiar. Pero prohibirlo solo retrasa lo inevitable, igual que habría sido absurdo prohibir internet en los años noventa o Google en los dos mil, prohibir Chat-GPT es renunciar a aprender a usar una herramienta que ya forma parte del mundo. Como cualquier avance, puede hacernos más perezosos si lo usamos mal, pero puede ayudarnos a hacer las cosas mejor y más rápido si lo integramos bien. Por eso, tanto jóvenes como adultos necesitamos aprender, no a rechazar la tecnología, sino a domesticarla. Igual que aprendemos a conducir un coche, debemos aprender a utilizar bien las pantallas, las redes sociales y la inteligencia artificial. Esto es algo que requiere normas, educación emocional, infraestructuras digitales seguras y aceptar que el riesgo cero no existe. Pero también exige una actitud abierta, curiosa y madura.

Cualquier avance que aporta valor altera el *statu quo*. Cuando eso ocurre, quienes estaban más cómodos en el orden antiguo protestan. Protestar es legítimo, pero protestar para mantener privilegios no. La imprenta incomodó a los copistas, el ferrocarril incomodó a quienes vivían del transporte animal, los telares mecánicos incomodaron a los artesanos textiles, la inteligencia artificial incomoda a quien teme quedarse atrás. Pero el progreso no se detiene porque alguien lo tema. La tecnología no es el enemigo, el uso acrítico de ella sí. La solución no es apagar las pantallas, sino encender la conciencia: integrar lo nuevo de manera que aporte valor; aprender a usar lo que llega sin miedo, sin ingenuidad y sin renunciar a lo que nos hace humanos.

Necesitamos respuestas equilibradas, ni ángeles ni demonios, ni alarmismo ni ingenuidad. En las próximas páginas quiero que avancemos justamente en esa dirección: aprender a relacionarnos con las redes sociales y con las nuevas tecnologías con una mirada consciente, crítica y, al mismo tiempo, serena. No se trata de rechazarlas ni de abrazarlas sin reservas, sino de comprender cómo funcionan, qué efectos producen en nuestra atención, en nuestro bienestar y en las relaciones, y cómo podemos integrarlas de un modo que sume, no que reste. Igual que a lo largo de la historia hemos aprendido a convivir con cada avance sin renunciar a nuestra humanidad, este capítulo ofrece herramientas prácticas, ideas claras y reflexiones útiles para que podamos usar la tecnología como aliada, y no como sustituto, de una vida más plena, más presente y nuestra.

EL DILEMA DE LAS REDES SOCIALES: MI OPINIÓN PERSONAL

En 2020, Netflix estrenó un documental que tuvo un impacto enorme, *El dilema de las redes sociales*. Fue tendencia, ocupó titulares y generó miles de debates en colegios, empresas y cenas familiares. Su mensaje era claro: las redes sociales están diseñadas para manipularnos, generar dependencia y explotar nuestras vulnerabilidades; quienes lo decían eran, supuestamente, los mismos ingenieros y diseñadores que las habían construido. En su momento, el documental me lo recomendaron varios estudiantes de medicina y lo vi con interés, pero también con cierta incomodidad. Aunque comparto parte del diagnóstico —las plataformas buscan maximizar el tiempo de uso y eso tiene efectos nocivos—, me pareció un documental parcial, sensacionalista, que solo mostraba una cara del prisma. Todos los testimonios eran de antiguos trabajadores de Silicon Valley que ahora se presentaban como iluminados. Inevitablemente, al acabar de ver el documental me pregunté: ¿de verdad se fueron por conciencia ética o porque las empresas ya no contaban con ellos?, ¿no sería justo escuchar también a quienes siguen dentro, intentando hacer las cosas bien desde el interior del sistema?

Lo que quiero decir es que el discurso sobre redes sociales se ha polarizado: o eres un adicto sin esperanza, o eres un tecnólogo arrepentido. Mientras tanto, la mayoría de la población —padres, docentes, profesionales, adolescentes— se queda en medio, intentando encontrar una forma razonable de usar estas herramientas sin que se les vayan de las manos. Hay un dato que pocas veces se menciona: todas las cosas que consumimos —físicas o digitales— están diseñadas para gustarnos. No solo las redes, también los *snacks* ultraprocesados, las promociones en supermercados, la distribución de productos junto a las cajas..., todo está pensado para captar nuestra atención y tentarnos. No hay nada casual en que los dulces estén en la línea de pago, ni en que las aplicaciones te muestren justo el vídeo que más probabilidades tiene de retenerte unos segundos más.

La economía de la atención no es un invento de Instagram, es la lógica del consumo llevada al mundo digital, y eso, como sociedad, nos obliga a hacer dos cosas. Por un lado, hay que exigir mayor regulación a las empresas. Por otro lado, tenemos que educarnos para reconocer esos mecanismos y no caer en ellos sin conciencia. Porque el verdadero dilema es evidente: lo que debería conectarnos puede desconectarnos de nosotros mismos; lo que podría ser un puente puede volverse una cárcel. Depende de cómo lo usemos, y eso requiere de algo más difícil que pulsar un botón, pues exige voluntad, criterio y vigilancia interior.

LA CAJA TONTA... ¡YA LO DECÍA MI ABUELA!

Si queremos entender por qué hoy en día tantas personas utilizan las redes sociales de manera tan intensa, no basta con analizar el presente: hay que mirar hacia atrás, hacia los patrones que se repiten en la historia y a esa parte profunda e inmutable de la naturaleza humana. La tecnología cambia, pero los seres humanos no lo hacen al mismo ritmo. Nuestros deseos, miedos, impulsos y vulnerabilidades psicológicas permanecen sorprendentemente estables a lo largo de los siglos. Lo que hoy hacemos con un móvil en la mano no es tan distinto de lo que otros hicieron antes frente a la radio, la televisión o el teatro popular. Solo cambian la velocidad, la disponibilidad y la escala.

La televisión ya fue, en su momento, una gran «niñera electrónica». Muchos de los adultos que hoy se alarman por la dependencia de los adolescentes hacia el móvil crecieron bajo un modelo similar: horas frente a una pantalla que emitía contenido sin pausa. Entonces no se hablaba de «adicción» —ese concepto vino después—, pero sí de uso excesivo, pasividad, niños que se convertían en espectadores sedentarios. La expresión «la caja tonta» no nació en Twitter, suma ya décadas, y su origen revela algo importante: cada generación ha tendido a mirar con desconfianza la pantalla que domina la siguiente.

Si queremos entender las redes sociales, hay que comprender primero el papel que desempeñaron los *reality shows*. En muchos sentidos, fueron el ensayo general de la cultura digital actual. Cuando en el año 2000 se estrenó *Gran Hermano*, el mundo entero asistió sorprendido a un experimento televisivo que mezclaba voyerismo, convivencia, conflicto, deseo de fama y participación del público. El formato se expandió de manera casi inmediata: Holanda, Italia, Brasil, Reino Unido, Estados Unidos, India... Más de setenta países reprodujeron el mismo patrón. Pero ¿por qué funcionaba en todos ellos? Pues porque apelaba a ingredientes universales como la curiosidad por la vida ajena, el morbo, la comparación social, la necesidad de pertenencia o el deseo de juzgar a otros. Después vinieron otros *reality shows* como *Supervivientes*, *First Dates*, *La isla de los famosos*, *Jersey Shore*, etc. Con el tiempo, surgieron versiones todavía más extremas, diseñadas para captar la atención de un público cada vez más saturado. Uno de los ejemplos más llamativos es un programa cuyo título no quiero decir, por no hacerle publicidad, basado en la elección de pareja a partir de cuerpos desnudos, presentados desde los pies hasta la cabeza. Un formato deliberadamente zafio, construido para impactar, generar conversación y apelar al instinto primario del *voyeur*. Lo cierto es que este programa se ha extendido por muchos países porque está teniendo relativo éxito.

¿Por qué enganchan tanto estos formatos? La psicología tiene algunas respuestas. Según la teoría de la comparación social de Leon Festinger, las personas evaluamos nuestra valía observando a los demás. Los *reality shows* proporcionan un flujo constante de situaciones extremas en las que el espectador puede comparar su vida con la de otros. Ver conflictos ajenos ofrece alivio −«mi vida es un caos..., pero no tanto como la de ellos»−, contemplar el fracaso genera consuelo, percibir humillación produce una sensación de superioridad tranquila. Otro mecanismo importante es el llamado «voyeurismo benévolo», estudiado en psicología evolutiva: la tendencia a observar la vida ajena para aprender indirectamente, sin exponerse uno mismo al riesgo. Los *reality shows* nos confrontan con conflictos, rupturas, éxitos y fracasos que, aunque exagerados, nos permiten jugar a interpretar roles sociales sin pagar las consecuencias. El espectador repite porque su cerebro interpreta esas historias como simuladores emocionales.

Las redes sociales no han inventado nada nuevo, simplemente lo amplificaron. TikTok, Instagram o YouTube funcionan como *reality shows* personalizados, infinitos y automáticos. El algoritmo detecta qué despierta nuestra curiosidad −morbo, cuerpos, lujo, conflictos, humor, tragedias, vidas perfectas o vidas patéticas− y nos lo sirve sin descanso. No somos nosotros quienes buscamos el contenido, es el contenido el que nos busca a nosotros. Así, la televisión dio un salto evolutivo: del mando a distancia al algoritmo que anticipa nuestro deseo. Pero caeríamos en una visión incompleta si asumimos que todas las pantallas son perjudiciales. La realidad es más matizada. Existen usos profundamente sanadores, educativos y cargados de significado. Yo mismo guardo recuerdos imborrables asociados a la televisión: ver una película en familia un domingo por la tarde, quedar con los amigos para ver los partidos del Real Madrid, etc. Esos momentos compartidos han sido durante décadas rituales que fortalecen los vínculos. Y lo siguen siendo. Uno de los planes que más triunfa en muchas familias es el de «peli y pizza». Es un plan sencillo, pero que a muchos nos gusta. Yo personalmente sigo con entusiasmo las cuentas de Instagram de José María Aguado y Pablo Aróstegui porque sus recomendaciones de cine siempre me descubren películas extraordinarias.

Con las redes sociales ocurre lo mismo. Es cierto que abundan la erotización, la superficialidad y el contenido basura, pero también existen espacios maravillosos donde aprender, inspirarse, emocionarse, conectar con ideas nuevas o conocer personas que aportan valor. El problema nunca es el instrumento, sino la mezcla entre vulnerabilidad humana y diseño tecnológico. Por eso están apareciendo regulaciones como la reciente prohibición en Australia del acceso de menores de dieciséis años a redes sociales —incluyendo YouTube—, cuya estela también están siguiendo países como España. ¿Tiene sentido? En mi opinión, sí, pero no puede quedarse ahí. Limitar el acceso protege, pero no educa. Igual que ocurre con los coches, no basta con poner normas, hay que enseñar a conducir. Yo mismo, como padre, utilizo YouTube con mis hijos. Algunas noches, después de cenar, vemos juntos unos dibujos antes de dormir. Podría usar otra plataforma, pero los dibujos que les gustan están en YouTube. Lo importante no es el canal, sino el contenido, el tiempo y la intención. Pero, sobre todo, la presencia adulta. Un niño acompañado no es un niño expuesto, un niño guiado no es vulnerable, pero un niño solo frente al algoritmo sí puede serlo.

Por eso, si queremos comprender el poder actual de las redes sociales, debemos mirar no solo al móvil, sino al sofá, al televisor, al salón familiar donde empezó todo. Las redes sociales no nacen del vacío, son una continuidad de una tendencia antigua. Llevamos décadas buscando entretenimiento rápido, emociones intensas, comparaciones sociales, sensaciones de pertenencia, ventanas indiscretas hacia la vida ajena. El móvil no creó estos impulsos, solo los aceleró.

La neurociencia explica parte de este fenómeno, pues el ser humano siente fascinación por observar a otros, ya que esto le ayuda a entender el mundo. Sentimos atracción hacia contenidos extremos porque el cerebro registra mejor lo inusual, y repetimos comportamientos que nos alivian momentáneamente porque el sistema dopaminérgico refuerza lo inmediato. Por eso hay personas que son especialmente vulnerables: adolescentes, personas con baja autoestima, individuos con tendencia a la comparación social, con estados emocionales frágiles... Para ellos, el contenido basura o espectacular actúa como un anestésico rápido. Si hay algo que debemos tener claro, es que las redes sociales no son una anomalía moderna: son el espejo amplificado de una humanidad que siempre ha sido así. Y si queremos usarlas de forma sana, el camino no es demonizarlas, sino comprendernos mejor a nosotros mismos. La tecnología no es la amenaza, sino su uso sin conciencia. De la misma forma que la televisión puede unir a una familia, las redes pueden educar, inspirar y conectar; al igual que un *reality show* puede embrutecernos, un buen contenido digital puede elevarnos.

EL TIEMPO Y EL PATRÓN DE USO LO SON TODO

Si queremos entender cómo nos influyen las redes sociales, no basta con hablar del tiempo que pasamos en ellas. El tiempo es importante, sí, pero solo supone la superficie. Dos personas pueden usar Instagram durante treinta minutos y tener experiencias completamente distintas: una puede salir inspirada, relajada, conectada; la otra, vacía, comparada, triste. Lo que hace la diferencia no es el reloj, sino el propósito, el estado emocional y el contexto en el que usamos las redes.

A lo largo de los últimos años, he tenido la oportunidad —y también el privilegio— de participar en varias investigaciones sobre este tema. Me gustaría contar algo de ello desde dentro, no solo a modo de dato, sino como historias que en sí mismas muestran la complejidad humana que hay detrás del fenómeno digital. Uno de los estudios más especiales que dirijo forma parte de la tesis doctoral de un joven psiquiatra al que tengo mucho cariño. Esta tesis doctoral la codirijo junto a Rosa Molina, una psiquiatra fantástica cuya amistad, paradójicamente, nació... en las redes sociales. Hace años empecé a seguir a Rosa en Instagram, pues me gustaba su forma de comunicar, rigurosa y cercana. Le escribí, nos conocimos, empezamos a trabajar juntos y hoy hemos construido un vínculo profesional y personal muy valioso. De hecho, ella es la autora del prólogo de este libro. Este estudio, de alguna manera, es también la historia de cómo las redes pueden unir a personas que, de otro modo, quizá nunca se habrían encontrado.

Para uno de los trabajos de la tesis doctoral de nuestro doctorando hemos reclutado casi 1.300 adultos, la mayoría a través del canal de Instagram de Rosa y de su pódcast *De piel a cabeza*, que tiene una gran acogida. El objetivo era entender mejor la relación entre el uso de redes sociales y la sintomatología depresiva. El estudio aún no está publicado, así que no puedo compartir cifras concretas, pero sí puedo avanzar algunas conclusiones. El tiempo de uso importa: más de dos horas al día es un umbral claro de riesgo para la aparición de síntomas depresivos, pero lo más importante es el estado emocional previo al uso. Entrar a Instagram o TikTok aburrido, triste, ansioso o con malestar se asocia a un empeoramiento del estado de ánimo posterior. Esto encaja perfectamente con la teoría de la regulación emocional, pues, cuando estamos mal, buscamos alivio rápido. Las redes ofrecen estimulación inmediata, pequeñas dosis de dopamina... Pero ese alivio es tan breve como frágil. A la larga, incrementan nuestro malestar.

En otro estudio que estamos realizando, nos hemos centrado en un aspecto poco estudiado: cómo el uso de redes sociales se relaciona con el deseo sexual. En este trabajo hemos encontrado que un uso excesivo de redes sociales se asocia a menor deseo sexual. Usar redes sociales en la cama significa que la atención emocional se dirige hacia fuera, hacia el mundo digital, justo en el espacio del día reservado para la intimidad, la ternura y el descanso. Las parejas en las que ambos usan redes sociales en la cama tienen menor deseo sexual y peor calidad de encuentro íntimo.

En otro estudio centrado exclusivamente en Instagram analizamos la relación entre tres variables psicológicas clave: autocrítica, autocompasión e insatisfacción corporal. Lo que descubrimos fue muy ilustrativo: cuanto más tiempo pasamos en Instagram, más dura se vuelve nuestra voz interior; la autocrítica aumenta, pero la autocompasión —esa capacidad de hablarnos con la misma amabilidad con la que trataríamos a un amigo— no lo hace. Además, la insatisfacción corporal se dispara, especialmente en quienes siguen cuentas de *fitness*, deporte, belleza o «vidas perfectas». ¿Por qué ocurre esto? La respuesta está en cómo funciona nuestro cerebro y, sobre todo, en cómo funciona Instagram. Esta aplicación es, en esencia, una herramienta de comparación social constante. Como decía anteriormente, Leon Festinger ya lo formuló en 1954: para evaluarnos a nosotros mismos, necesitamos compararnos con los demás; es un mecanismo tan primitivo como automático. El problema no es compararnos, eso lo hacemos desde que somos niños. El problema es con qué tipo de estímulos nos comparamos ahora. En la vida real, nos comparamos con personas que existen en nuestro entorno: compañeros de trabajo, vecinos, amigos. Personas reales, con vidas y cuerpos reales, personas que a veces están bien y a veces no tanto. En cambio, en Instagram nos comparamos con la versión editada, filtrada y cuidadosamente seleccionada de miles de personas. Una comparación así es profundamente desigual. Cuando uno se expone a este tipo de contenido, ocurre algo casi invisible pero muy potente: la mente empieza a interpretar esos cuerpos y esas vidas como si fueran la norma. De forma inconsciente, el estándar interno se desplaza: lo que antes era «estar bien» ahora parece poco, lo que antes era «suficiente» ahora parece escaso y lo que antes era un cuerpo normal ahora parece imperfecto. Entonces entra en juego la autocrítica, porque, cuando el estándar sube, nuestra valoración de nosotros mismos baja. Muchos lectores reconocerán esta sensación:

- Después de un rato en Instagram, algo dentro te dice que no haces suficiente, que no tienes suficiente, que no eres suficiente.
- Sientes que los demás viven mejor, se cuidan mejor, son más atractivos, más organizados, más exitosos, más interesantes.
- Y aunque racionalmente sabes que esas imágenes están filtradas, esa parte racional no logra protegerte del impacto emocional.

Esto ocurre porque Instagram no opera en el plano intelectual, sino en el emocional. Recibe tu atención visual, la compara automáticamente con tus propios estándares y produce una reacción interna inmediata: la autocrítica. Pero el mecanismo es todavía más complejo, pues, cuando aumenta la autocrítica, disminuye la autocompasión. ¿Por qué? Porque nuestra atención está puesta afuera, en los demás, no dentro, en nosotros. En lugar de escucharnos, nos juzgamos. En lugar de preguntarnos cómo estamos, nos cuestionamos por qué no somos como ellos. Y ese diálogo interior se vuelve frío, exigente, a veces hostil:

«Deberías entrenar más».

«Deberías comer mejor».

«Tienes que ponerte las pilas».

«Mira cómo están los demás... y tú, en cambio...».

Pero la pregunta real es: ¿de dónde viene esta voz tan dura? No viene de Instagram. Viene de ti. Instagram simplemente la activa, la amplifica y la alimenta. Después está el cuerpo. La insatisfacción corporal aparece porque nuestro cerebro es extraordinariamente sensible a la repetición de imágenes. Cuando vemos cientos de cuerpos perfectos, nuestro cerebro empieza a pensar que ese es el cuerpo que «toca tener». Lo que ocurre después también lo conocerá el lector: te miras al espejo y, de repente, lo que antes te parecía normal ahora te parece insuficiente; lo que antes no te molestaba ahora te incomoda; lo que antes aceptabas ahora te avergüenza.

No es casualidad, es un proceso psicológico llamado *internalización del ideal corporal*. Cuanto más ves un tipo de cuerpo, más te convences de que «debería» ser el tuyo. Instagram no te dice explícitamente que cambies tu cuerpo, pero tu cerebro saca sus propias conclusiones. Por eso tantas veces ocurre algo paradójico: cuanto más tiempo pasamos en Instagram, menos nos gustamos; y cuanto menos nos gustamos, más buscamos escapar dentro de Instagram para sentirnos mejor... solo para volver a sentirnos peor al salir. Este es el bucle, tal es el mecanismo, el motivo por el que las redes pueden erosionar tan profundamente la autoestima, ya que activan constantemente la comparación y silencian la autocompasión.

En otro estudio con jóvenes españoles observamos un patrón claro: cuanto más tiempo pasaban en Instagram, mayor era la tendencia a la comparación física, menor la satisfacción con la propia imagen corporal y más baja la autoestima. Esto ocurre porque Instagram cambia, silenciosamente, la manera en que nos miramos a nosotros mismos. La plataforma está construida para mostrar momentos excepcionales, cuerpos en su mejor ángulo, vidas en su versión más pulida. El cerebro, sin embargo, procesa esas imágenes como si fueran la norma y, con la suficiente repetición, lo que vemos fuera se convierte en el estándar con el que medimos lo que tenemos dentro. Entonces sucede algo que muchos lectores reconocerán: cuando uno pasa mucho tiempo en Instagram, empieza a mirarse como si también estuviera en Instagram, incluso cuando no tiene el móvil en la mano. La comparación física deja de ocurrir solo cuando vemos fotos; aparece en el espejo, en los probadores, en las fotos grupales, en los pequeños gestos del día a día. La autoestima se resiente porque la medida deja de ser «cómo estoy yo» y pasa a ser «cómo estoy respecto a todos esos cuerpos que veo continuamente». Esa evaluación nunca sale a nuestro favor, porque el punto de referencia no es realista: es una colección infinita de momentos seleccionados, filtrados y, a menudo, irrepetibles. Por eso la autoestima baja casi sin que lo notemos. No ocurre de golpe, sino por acumulación. Cada imagen añade una capa fina de comparación y, cuando se suman cientos de capas, aparece esa sensación difusa pero muy reconocible de «no estoy a la altura».

Instagram, en ese sentido, deja de ser un espacio donde expresarse y se convierte en un escenario donde uno siente que debe encajar.

ADOLESCENTES: LA POBLACIÓN MÁS VULNERABLE

Si hay un grupo especialmente sensible al impacto de las redes sociales, ese es el de los adolescentes. Esto no es una opinión ni una intuición clínica: es uno de los mensajes más consistentes que emergen de la evidencia científica reciente. En el artículo que publicamos en el *Journal of Epidemiology & Community Health* junto con Miguel Ángel Martínez-González, Luis Gutiérrez-Rojas (también psiquiatra como yo) y Almudena Sánchez-Villegas, revisamos más de una década de estudios sobre exposición a pantallas y salud mental en adolescentes. Las conclusiones fueron claras: los adolescentes con mayor tiempo de uso de pantallas mostraban más síntomas depresivos, peor bienestar emocional, mayor insatisfacción corporal, peor sueño, más ansiedad, más comportamientos impulsivos o de riesgo, así como un mayor riesgo de ideación suicida. Pero, más allá de enumerar los problemas, lo verdaderamente útil para el lector es comprender por qué ocurre esto.

Los adolescentes son vulnerables por razones biológicas, psicológicas y sociales. Biológicamente, su cerebro está en plena construcción: las áreas encargadas de la regulación emocional y del control de impulsos tardan años en madurar, mientras que los circuitos de recompensa —los que responden a estímulos intensos, novedad y aprobación social— funcionan a toda velocidad. Las redes sociales ofrecen exactamente eso: novedad permanente, validación inmediata, estímulos visuales muy potentes y una sensación de conexión instantánea. Es, literalmente, una tormenta perfecta para un cerebro que aún no ha desarrollado los frenos necesarios.

Psicológicamente, la adolescencia es el periodo en el que la identidad se construye mirando hacia afuera. Los chicos y chicas necesitan saber si encajan, si pertenecen, si gustan, si están «a la altura». Son preguntas normales y necesarias, pero se vuelven especialmente intensas en plataformas como Instagram o Tik-Tok, donde la evaluación del grupo es constante, cuantificable y pública. Para muchos adolescentes, los *likes* no son «me gusta», son «me valoro». A nivel social, la presión para exponerse y construir una imagen pública – aunque sea mínima – es más fuerte que nunca. En este contexto, no es extraño que las redes afecten profundamente al bienestar emocional de los adolescentes. Los estudios que revisamos mostraban que los adolescentes con mayor exposición a pantallas manifestaban menor curiosidad, menos capacidad de concentración, mayor capacidad de distracción y dificultades para gestionar emociones incómodas. Parte del problema es que el contenido consumido suele ser pasivo y altamente visual: estimula, pero no nutre, y una mente en formación necesita estímulos que eduquen, no solo que entretengan.

Una de las relaciones más consistentes en la literatura científica es la que vincula tiempo de pantalla con síntomas depresivos. Estudios de gran calidad metodológica han demostrado que los adolescentes con mayor exposición a pantallas tienen más riesgo de desarrollar depresión y ansiedad. La explicación tiene que ver con tres ejes fundamentales: el primero es la comparación social, que ya hemos comentado previamente; el segundo es la privación de sueño, pues muchos adolescentes utilizan el móvil por la noche y el sueño es un pilar central en la regulación emocional; el tercero es la sustitución de actividades protectoras, pues más tiempo de pantalla significa menos actividad física, menos conversación familiar, menos juego, naturaleza o lectura. Todo aquello que protege la salud mental queda desplazado.

Finalmente, quiero destacar que uno de los apartados más importantes del artículo era el dedicado a la pregunta: «*Are some indi-*

viduals more susceptible?» [¿Algunas personas son más suscepti-
bles?]. La respuesta, basada en la evidencia, es rotunda: sí. No
todos los adolescentes corren el mismo riesgo, sino que aquellos
con baja autoestima, antecedentes de depresión o ansiedad, mayor impulsividad o alta tendencia a la comparación social son especialmente vulnerables. Para estos jóvenes, las redes no solo
entretienen: hieren. Un comentario negativo puede convertirse
en una herida profunda, la falta de *likes* puede percibirse como
rechazo, el cuerpo ideal puede vivirse como una exigencia imposible. Esta idea es fundamental para padres y educadores: no todos los adolescentes necesitan los mismos límites. Algunos requieren guías suaves; otros exigen acompañamiento continuo o
normas más estrictas, y muchos sencillamente necesitan que alguien les explique qué les está pasando por dentro. El lector probablemente habrá observado —como padre, madre, profesor o
profesional— adolescentes irritables después de usar el móvil,
jóvenes que duermen menos porque se quedan en TikTok hasta
tarde, chicas que se sienten «horribles» tras unos minutos en Instagram, chicos que pierden la capacidad de desconectar, explosio-
nes emocionales aparentemente «sin motivo»... Todo eso sí tiene
motivo y la ciencia lo explica.

Posiblemente, la conclusión más importante para quien está
leyendo este libro sea esta: los adolescentes no están preparados
biológicamente para gestionar solos algo tan potente como las redes sociales. No porque carezcan de inteligencia, sino porque todavía no han desarrollado la maquinaria emocional necesaria para
hacerlo. No basta con prohibir ni con dejar hacer, necesitan acompañamiento, supervisión y, sobre todo, adultos que entiendan que
lo que ocurre en el móvil no se queda en el móvil, sino que entra
directa y profundamente en su vida emocional.

LA SERIE *POR TRECE RAZONES*: CUANDO UN CONTENIDO DE ALTO VOLTAJE EMOCIONAL ENCUENTRA A UN ADOLESCENTE VULNERABLE

En 2017, *Por trece razones* irrumpió como un terremoto cultural. Fue una de las series más vistas y comentadas del año, especialmente entre adolescentes. La premisa era sencilla y a la vez explosiva: una joven, Hannah Baker, deja trece grabaciones explicando por qué decidió quitarse la vida. La mezcla de drama juvenil, misterio, conflictos escolares y escenas de enorme carga emocional generó debate mundial desde el primer día. Padres, profesores, médicos y medios de comunicación se preguntaban lo mismo: ¿puede una serie así afectar a un adolescente vulnerable? La respuesta es sí. Pero no de forma uniforme. No todos los adolescentes reaccionan igual.

El estudio que analizó este fenómeno con mayor rigor —realizado con jóvenes que acudieron a un servicio de urgencias psiquiátricas por riesgo suicida— reveló un patrón muy claro: la vulnerabilidad no depende solo del contenido, sino de quién lo ve, en qué momento emocional lo ve y con quién lo ve. Más del 80% de los adolescentes que habían visto la serie la vieron solos, sin un adulto que pudiera ayudarlos a procesar lo que estaban sintiendo. Entre aquellos que ya sufrían síntomas depresivos o ideación suicida, la identificación con la protagonista fue mucho mayor, también lo fue el impacto negativo percibido. Muchos de ellos afirmaban sentir que la serie aumentaba su riesgo personal de suicidio, al menos en cierta medida.

Una serie que muestra sufrimiento, soledad, injusticia o suicidio no actúa como una película más: entra directamente en el terreno de las emociones que el adolescente ya está tratando de entender. Uno de los hallazgos más importantes del estudio fue que los adolescentes emocionalmente vulnerables se identificaban mucho más con Hannah, la protagonista. Esa identificación intensa —ver en el personaje su propia tristeza, su dolor, su aislamiento— hacía que el contenido resonara de un modo más profundo y, en algunos casos, más dañino. Cuanto mayor era esa identificación, mayor era la percepción de riesgo tras ver la serie.

Otro elemento crucial fue la ausencia de supervisión adulta. La mayoría de los jóvenes no habló con sus padres sobre la serie; muchos padres ni siquiera sabían que sus hijos la estaban viendo, y sin un adulto que ayudara a contextualizar, contrastar o digerir lo visto, los adolescentes quedaban solos ante un contenido que, psicológicamente, es demasiado intenso para procesarlo sin guía. Por eso las organizaciones de salud mental insisten en que este tipo de contenidos deben verse acompañado, especialmente si el adolescente está atravesando dificultades emocionales. Lo que este estudio demuestra —y lo que todos los padres deberían saber— es que no se trata de demonizar la serie ni de censurarla. Se trata de entender un principio muy básico: los adolescentes no reaccionan a lo que ven, sino desde lo que están viviendo. Un contenido que para un adulto puede ser simplemente incómodo o impactante para un adolescente con baja autoestima, depresión o soledad puede convertirse en un espejo intensificado de sus propios miedos. Este principio se extiende más allá de *Por trece razones*, se aplica también a redes sociales, series dramáticas, contenido sexual explícito, mensajes sobre el cuerpo, la fama o el éxito. Lo que vemos importa, sí, pero cómo lo vemos y con quién lo vemos es igual de importante.

La conclusión es sencilla y profundamente práctica: la supervisión no es control, es protección emocional y acompañamiento; en una palabra, cuidado.

NIÑOS TRANQUILOS, PADRES TRANQUILOS... ¿A QUÉ PRECIO?

Durante un viaje en tren un viernes por la tarde presencié una escena que podría haber ocurrido en cualquier hogar. Una familia viajaba sentada frente a mí: padres cansados, con ese gesto de «por fin un rato de pausa», y un niño de unos siete años que daba señales claras de inquietud. Se retorcía en el asiento, preguntaba cuánto faltaba, quería mirar por la ventana, se aburría, pedía atención. Su madre, después de varios intentos por calmarlo, sacó el móvil y en menos de cinco segundos el silencio volvió al vagón. El niño, absorto en la pantalla, se quedó inmóvil y los padres suspiraron aliviados. Todos los que viajábamos alrededor entendimos perfectamente esa exhalación: «Menos mal». Y, al mismo tiempo, muchos también reconocimos la otra sensación, más silenciosa: «¿Hasta qué punto esto está bien?».

Es una escena habitual. La vemos en restaurantes, en salas de espera, en coches, en aeropuertos: niños pequeños con una pantalla a pocos centímetros de la cara, y padres que, por fin, pueden conversar, pensar o simplemente descansar. No es una escena dramática, de hecho se trata de una escena funcional... Pero también profundamente reveladora. La tecnología, cuando se convierte en sustituto sistemático de la presencia, produce un tipo de desapego silencioso. El niño no aprende a aburrirse, a esperar, a estar presente. Aprende que el mundo tiene que entretenerlo, que el silencio debe evitarse, que cualquier situación mínimamente incómoda debe anestesiarse con una pantalla.

En la década de 1990, los psiquiatras ya alertaban sobre los efectos de la televisión sin control: niños apáticos, sin imaginación, sin creatividad. Narcotizados frente al televisor con solo apretar un botón. Hoy, ese botón es una pantalla táctil, pero el efecto puede ser el mismo. Esto no es una crítica a los padres ni una llamada a la perfección. Todos hemos recurrido alguna vez a la tableta o al móvil para evitar un conflicto en un restaurante, en un tren, incluso en nuestro propio coche. Lo preocupante no es el gesto puntual, sino cuando se convierte en norma. Cuando el plan con niños sigue siendo el mismo que antes de tenerlos... y lo único que cambia es que ahora llevamos una pantalla para que «no molesten». Un error común – lo digo con el mayor respeto y comprensión – es querer vivir como si uno no tuviera hijos. Ir a restaurantes sin menú infantil, hacer sobremesas muy largas, mantener conversaciones extensas sin interrupciones... y pretender que los niños se adapten sin rechistar al ritmo adulto. Pero los niños necesitan otro *tempo*, necesitan espacios donde jugar, aburrirse, moverse, donde ser ellos mismos sin estar encajonados en un mundo que aún no pueden comprender del todo. Esto, como padres, nos obliga a algo incómodo pero necesario: adaptar nuestros planes a su etapa vital. No todo tiene que girar en torno a los hijos, pero tampoco podemos esperar que la vida siga exactamente igual, solo que con una tableta de por medio.

Hay un aprendizaje fundamental que solo se adquiere cuando la pantalla no está, y es la capacidad de autorregularse, de tolerar el aburrimiento, manejar la frustración, esperar sin estímulo inmediato. Ese aprendizaje – tan simple en apariencia, tan profundo en impacto – es uno de los pilares de una personalidad madura. Un niño que nunca experimenta la espera difícilmente desarrollará la paciencia, si nunca se frustra difícilmente desarrollará la resiliencia, y un niño cuya atención siempre se capta desde fuera difícilmente aprenderá a dirigirla desde dentro.

DE VIDAS VIVIDAS A VIDAS MOSTRADAS: INTIMIDAD, ESCAPARATE Y COMPARACIÓN SOCIAL

Te despiertas un día cualquiera de agosto, miras el móvil, hay tres historias seguidas: una amiga en una playa (aparentemente) paradisiaca en Menorca, otra cenando en una terraza en Santorini y un actor famoso posando en su yate. Tú estás en casa, aún con legañas, mirando la lavadora por poner. No sientes envidia, pero una punzada te atenaza. No estás mal, pero de pronto tu día parece menos especial. Ni te habías planteado irte de vacaciones porque este verano te toca trabajar, pero ahora sientes que deberías estar en otro sitio, haciendo otra cosa, siendo otra versión de ti.

Esta escena, que describí en una columna publicada en el periódico *ABC*, resume bien el *engaño de la comparación*. Un fenómeno psicológico tan antiguo como la humanidad, pero amplificado hasta lo patológico por las redes sociales. Como decíamos antes, compararse es humano. Es parte del proceso de aprendizaje y construcción del yo. Pero, en el entorno digital, la comparación ya no ocurre con personas reales en contextos reales, sino con versiones editadas, filtradas, seleccionadas para causar impresión. Nuestro cerebro, ante estas imágenes, no compara la vida completa del otro con la nuestra. Compara lo que nos falta con lo que el otro parece tener de sobra, y lo hace rápido, automáticamente, sin pedirnos permiso. Peor aún, actúa como si esa comparación fuera válida. Cada vez más personas (tanto adolescentes como adultos) interiorizan esa ficción como algo estándar. Creen que lo que ven es normal, lo esperable. Si su vida no se parece, entonces algo va mal. No importa si están sanos, acompañados, con trabajo o con proyectos. Si no tienen las fotos, los *likes*, la estética, la narrativa de los demás... se sienten por debajo.

Pero hay algo aún más grave, la inversión del sentido vital. Ya no hacemos cosas por el placer de hacerlas, sino por cómo se verán en la foto. No viajamos, comemos, bailamos o reímos por el goce mismo, sino por el rendimiento que esa escena pueda tener en redes. Se vive para mostrar, no para experimentar. Esto supone una pérdida inmensa, porque en ese proceso se sacrifican la intimidad, la autenticidad, el silencio. Se convierte la propia vida en un escaparate y el yo, en un producto.

Hay una paradoja que me preocupa especialmente. Muchos jóvenes se sienten ansiosos, vacíos o insatisfechos..., pero no saben por qué. Tienen aparentemente todo, pero se han desconectado de lo más importante: el sentido interior. Sin saberlo, han cambiado *el vivir* por *el parecer que viven*. En consulta, he preguntado a varios pacientes: «¿Qué harías si nadie pudiera verlo en redes? ¿Seguirías haciendo lo mismo?». La pregunta, que parece simple, se queda muchas veces sin respuesta. Porque lo que hacemos solo tiene sentido si puede ser mostrado, valorado, comparado, y así lo privado se desdibuja. Lo íntimo se vuelve inútil, lo invisible se desprecia.

Recuperar la intimidad, *el placer de lo no compartido*, la riqueza de lo silencioso, es uno de los mayores actos de resistencia en esta era digital; también uno de los caminos más eficaces hacia una salud mental verdadera.

FALSOS VÍNCULOS, AMISTADES DE SALDO Y EL NÚMERO DE DUNBAR

Uno de los grandes logros aparentes de las redes sociales es que nunca más estaremos solos. Da igual si es martes por la noche o domingo a mediodía: siempre hay alguien conectado, alguien que ha subido una historia, que ha dejado un «me gusta» o que ha compartido un meme. Sin embargo, nunca ha habido tantas personas que se sienten solas. La paradoja es inquietante: hiperconectados, pero desvinculados; con cientos de «amigos» o «seguidores», pero sin apenas relaciones auténticas; con miles de mensajes enviados, pero pocas conversaciones verdaderas. Algo falla.

Robin Dunbar, antropólogo y psicólogo británico, estudió durante años la relación entre el tamaño del cerebro y el número de vínculos sociales en distintas especies. Su conclusión más famosa fue el llamado «número de Dunbar»: los seres humanos solo podemos mantener relaciones estables con unas ciento cincuenta personas. De ellas, unas cincuenta son vínculos habituales; unas quince, amistades fuertes, y apenas cinco, relaciones verdaderamente íntimas. Sin embargo, hoy es habitual ver perfiles de Instagram con varios miles de «amigos». Y no solo eso, se espera que interactuemos con ellos, que estemos al día, respondamos, seamos visibles. El problema no es solo de cantidad, sino de calidad. Porque no hay vínculo sin presencia, y no hay presencia sin atención. Las redes, al multiplicar los estímulos y fragmentar la atención, dificultan la conexión profunda. Nos acostumbran a la interacción mínima: un emoji, un comentario genérico, un «feliz cumple» automático. Vínculos de saldo, amistades en piloto automático.

En consulta, ocurre con frecuencia que los pacientes descubren, tras una ruptura, un problema laboral o una crisis existencial, que no tienen a quién acudir. «Me siguen dos mil personas, pero no puedo llamar a nadie». «Mucha gente comenta mis fotos, pero me siento solo». Lo más triste de todo es que muchos sienten vergüenza por ello. Como si estar solos fuera culpa suya, como si su «fracaso» no fuera solo emocional, sino también social. Las redes han redefinido la amistad. Ya no se basa en compartir tiempo o experiencias, sino en interactuar digitalmente. Pero eso tiene un precio: la desaparición del rostro, del cuerpo, de la mirada y, con ello, la pérdida de la empatía, la contención, el consuelo real. No se trata de negar que las redes puedan facilitar amistades, reencuentros o apoyo emocional. Pero sí de recordar que las relaciones verdaderas requieren algo que no cabe en un clic: presencia sostenida, tiempo compartido, escucha profunda. Y eso, por ahora, sigue siendo más fácil de cultivar lejos del *scroll*.

EL *VAMPING*, EL INSOMNIO Y LOS DÍAS QUE EMPIEZAN MAL

Hace poco, una estudiante universitaria de primero de carrera me decía: «Por la mañana me levanto agotada. Siento como si no hubiera dormido nada. Pero es que por la noche no puedo evitarlo: me meto en TikTok y cuando me doy cuenta han pasado dos horas. Me da rabia, pero lo repito cada noche». No se trata de una excepción. Es parte de un fenómeno creciente conocido como *vamping*, del inglés *vampire*, que hace referencia a esas horas robadas al sueño por el uso excesivo de pantallas, especialmente en adolescentes y adultos jóvenes.

Lo preocupante no es solo el impacto sobre la cantidad de sueño, sino sobre su calidad. Quien se duerme con estímulos brillantes, cambiantes, fragmentarios y emocionales entra al descanso con un sistema nervioso alterado. Y quien interrumpe su sueño para mirar una pantalla reinicia el ciclo del insomnio con cada notificación. El resultado es una generación que se despierta cansada, con dificultades de concentración, de ánimo y de rendimiento. Días que empiezan mal, sin que sepamos muy bien por qué. Pero la explicación está ahí, en el uso desregulado, pasivo y compulsivo de las redes en las horas más vulnerables del día. Y hay algo más profundo: el *vamping* no ocurre solo por ocio. Muchas veces es una forma de evasión, personas que no han tenido espacio durante el día para sí mismas, que han estado atrapadas en obligaciones o hiperconectadas con otros... encuentran en la madrugada su único momento de «libertad». Pero es una libertad tóxica, un momento que en vez de nutrir desgasta.

Este patrón tiene consecuencias psicológicas serias. Hay estudios que muestran cómo el uso nocturno de redes sociales se asocia con mayor riesgo de depresión, ansiedad y fatiga crónica. Lo más irónico es que las propias redes que causan malestar son las que muchos usan para aliviarlo. Es un círculo vicioso.

¿Cómo romperlo? El primer paso es tomar conciencia, dar nombre al fenómeno. Hablar del *vamping* no como un vicio juvenil sin importancia, sino como una forma contemporánea de insomnio inducido por el diseño digital. A partir de ahí, proponer alternativas: rituales de desconexión, límites horarios, sustitución por lecturas o músicas tranquilas y, sobre todo…, la reapropiación del sueño como acto de autocuidado.

¿Y SI NOS ESTUVIÉRAMOS PERDIENDO LO MEJOR?

Un paciente de treinta y pocos años me decía hace poco: «Doctor, siento que no tengo tiempo para nada, que los días se me van sin haber hecho nada importante. No sé en qué se me va el tiempo». Durante la entrevista, revisamos juntos su rutina: dormía unas siete horas, trabajaba ocho, tenía una hora para comer y algo de tiempo libre por las tardes. Sin embargo, no leía, no hacía ejercicio, no cultivaba aficiones. Al preguntarle por el móvil, se quedó pensativo, después miró sus estadísticas: casi cuatro horas al día en redes sociales. Se le escapó un suspiro.

«Es como si esas horas no existieran. Se me evaporan».

Eso es el *coste de oportunidad*: lo que podríamos estar haciendo… y no hacemos. No es solo el tiempo que se va, sino lo que deja de pasar por culpa de ese tiempo perdido. Las lecturas que no hicimos, las conversaciones que no tuvimos, las ideas que no cultivamos, los vínculos que no fortalecimos. Lo más dramático es que muchas veces ese coste ni siquiera se nota. Porque lo que las redes sociales ofrecen no es solo entretenimiento, es anestesia. Una forma de distraernos de la vida mientras creemos que estamos viviéndola. Aquí es donde entra en juego algo fundamental, la atención sostenida. La capacidad de estar en una tarea sin dispersarse, de profundizar, de construir algo más allá del impulso. Esa capacidad, que se entrena, es la base de la inteligencia, de la creatividad, de la empatía... y está en riesgo. Cuanto más tiempo pasamos en estados de fascinación pasiva —ya sea con vídeos, titulares, memes o notificaciones—, más difícil se nos hace leer un texto largo, escuchar a alguien sin interrupciones o elaborar una idea compleja. Perdemos forma mental y, como no lo notamos de inmediato, creemos que no pasa nada. Pero sí pasa.

Muchos estudios apuntan a que los jóvenes con el hábito de leer libros desarrollan mejor su lenguaje, la empatía y la comprensión del mundo. Se vuelven más pacientes, más reflexivos, más capaces de entender al otro. La lectura no solo informa, transforma. Activa áreas del cerebro vinculadas con la imaginación, la regulación emocional y la proyección moral. Leer bien es pensar bien. No hace falta ser un lector voraz, basta con rescatar media hora al día para una buena novela, un ensayo sugerente, un artículo estimulante. Bastaría con cambiar una parte de ese *scroll* infinito por un capítulo de un libro, con recordar que lo que cultivamos por dentro no se mide en *likes*, pero sí en bienestar. Porque cada vez que decimos «no tengo tiempo» deberíamos preguntarnos: «¿En qué estoy invirtiendo mi tiempo?». Si la respuesta nos incomoda, ahí hay una oportunidad de cambio.

CONCLUSIÓN: ELEGIR LO MEJOR, TAMBIÉN EN EL TIEMPO LIBRE

Vivimos en una época fascinante. Podemos conectarnos con quien queramos, aprender lo que nos apetezca, acceder a infinitos contenidos. Nunca hubo tantas posibilidades y, sin embargo, muchas veces sentimos que no llegamos, que no podemos, que no sabemos por dónde empezar. La paradoja es esta: tenemos más libertad que nunca, pero menos voluntad; más opciones, pero menos criterio; más pantallas, pero menos presencia. Por eso, más que juzgar o prohibir, necesitamos aprender a elegir. Y elegir de verdad exige esfuerzo. Porque lo mejor no siempre es lo que más apetece, lo que nutre no siempre es lo que más gusta al instante. Lo que forja el carácter rara vez es lo más fácil. Hay que entrenarse para el aburrimiento, para la espera, lo no inmediato. Porque la vida real es eso, una mezcla de momentos brillantes y otros lentos, silenciosos e incluso monótonos. Aprender a estar ahí, sin anestesia, es uno de los mayores desafíos de nuestra época, también una de las claves de la salud mental. Las redes sociales seguirán existiendo, cambiarán de nombre, de formato, de algoritmo, pero el reto seguirá siendo el mismo: cómo vivir en un mundo lleno de estímulos sin perder la capacidad de dirigir la propia vida; cómo estar conectados sin dejar de estar presentes; cómo usar lo digital sin ser usados por ello.

La respuesta, probablemente, no esté en una aplicación ni en un consejo rápido, sino que reside en algo más hondo. Está en volver a mirar hacia dentro, en cultivar espacios de silencio, de voluntad, de profundidad; en preguntarnos cada día: ¿esto que estoy haciendo me acerca a la persona que quiero ser? Si la respuesta no es clara, tal vez sea el momento de cerrar el móvil... y abrir la vida.

Capítulo 4
MUCHO RUIDO
Demasiada información, demasiado fácil, demasiado rápida

Vivimos en un tiempo en el que obtener información es tan sencillo que casi asusta. Cualquier búsqueda, por simple que sea, genera millones de resultados en cuestión de segundos. Hoy en día cualquiera puede opinar de cualquier cosa, abrir un canal, publicar consejos, dar lecciones…, aunque no tenga formación, ni experiencia ni conozca las implicaciones de lo que está diciendo. En las redes sociales todo el mundo habla, pero no todo el mundo sabe. Ese es uno de los retos de nuestro tiempo, discernir quién tiene autoridad real en un océano donde todas las voces suenan igual de alto. Los medios tradicionales están sesgados —lo sabemos— por intereses comerciales, políticos o ideológicos. Pero, en redes sociales, los sesgos son más sutiles, por eso mismo son también más peligrosos. En el mundo digital, igual que en el físico, las apariencias engañan…, pero allí además se editan, se filtran y perfeccionan hasta volverse casi irreconocibles.

Un ejemplo claro son los perfiles de maternidad y crianza. Escenas luminosas, desayunos perfectos, juegos en casas que parecen sets de rodaje, niños impecables, padres pacíficos y sonrientes. *Influencers* que convierten la vida familiar en una serie diaria de momentos encantadores y también —esto es importante— en pequeñas escenas dramáticas diseñadas para enganchar: la rabieta épica, la noche sin dormir contada con humor, la confesión emotiva, el «no saben lo duro que es esto»…, siempre capturado desde un ángulo atractivo. A veces no muestran perfección, sino dramatismo rentable. Porque también eso vende, también eso genera interacción, produce contenido. Es una trampa psicológica distinta, pero igual de eficaz. Uno ve ese dramatismo «heroico» —padres exhaustos que aun así sonríen, que trabajan sin descanso, que parecen manejar todo con una resiliencia inagotable— y piensa: «¿Cómo pueden? ¿Por qué yo, cuando estoy cansado, no sonrío? ¿Por qué a mí no me salen fuerzas milagrosas para todo? ¿Qué estoy haciendo mal?».

Una vez, un amigo que acababa de ser padre unos meses antes me dijo con una lucidez que no he olvidado: «Yo pensaba que la crianza era una aventura épica..., pero luego descubrí que simplemente era un bebé. Normal». Los *influencers* necesitan «épica» —ya sea perfecta o dramática— porque su vida es su contenido, y su contenido es su negocio. Pero la vida real no necesita tanta épica.

Algo parecido ocurre en otras áreas, también en la medicina. Si uno observa determinados perfiles de médicos en redes sociales —incluidos psiquiatras e *influencers* sanitarios—, podría pensar que vivimos en una novela de héroes: consultas emocionantes, diagnósticos brillantes, historias humanas transformadoras, jornadas intensas pero siempre gratificantes. Cuando en realidad la práctica médica tiene momentos preciosos, sí, pero también una enorme carga de repetición, burocracia, actividades tediosas y casos que no se resuelven. En redes sociales todos parecemos más apasionantes, productivos, entregados y brillantes de lo que somos. Y eso tiene consecuencias.

Muchos lectores reconocerán esta sensación: el *influencer* siempre aparece motivado, vestido impecablemente, trabajando horas interminables pero feliz, viajando de conferencia en conferencia, teniendo tiempo para entrenar..., mientras uno mismo, simplemente, intenta llegar al final del día sin derrumbarse. La comparación es injusta, no porque los *influencers* mientan necesariamente, sino porque lo que muestran es un fragmento minúsculo de su vida, moldeado con cuidado para resultar inspiradores, atractivos o emocionalmente intensos. Nosotros, en cambio, nos vemos enteros. Vemos nuestros silencios y nuestros errores, las dudas, las horas muertas y los días mediocres; cuando comparamos nuestro «todo» con su «mejor momento», el resultado es devastador: sentimos que no estamos a la altura, que nos falta algo, que nuestra vida es demasiado normal. Pero la normalidad no es un fallo, forma parte de la condición humana.

La vida de los *influencers* —tanto los de crianza como sanitarios, de estilo de vida o de lo que sea— no es una ventana a su realidad, sino una escenografía, un producto final. La vida real exige presencia, las redes exigen espectáculo, y esos dos mundos rara vez encajan bien. Quizá la reflexión más liberadora sea esta: nuestra vida se parece infinitamente más a la de nuestros amigos de carne y hueso que a la de cualquier *influencer* al que sigamos. En los hogares reales hay risas y cansancio, alegría y caos, días buenos y regulares. No hay banda sonora, ni edición ni épica diaria. Si dejamos de comparar nuestra vida real con la ficción de otros, descubriremos algo muy simple: no somos insuficientes, no estamos fallando ni necesitamos hacer más; solo tenemos que dejar de medirnos con estándares que jamás fueron reales.

LA ILUSIÓN DE PERFECCIÓN Y EL FENÓMENO DEL *HATER*

Hace unos meses vino a mi consulta una *influencer* —no diré cuántos seguidores tiene, pero suficientes como para vivir de las redes— recomendada por un conocido en común. Llegó agotada, dolida, casi indignada. Me dijo que ya no podía más con los comentarios que recibía. «La gente es muy desagradecida», repetía. «No valoran lo que hago, tan solo critican. Buscan hacer daño». Su discurso tenía una mezcla de frustración, incomprensión y una sensación profunda de injusticia. Por supuesto, eso duele. Pero a veces también ocurre otra cosa, y con ella sucedió algo revelador. Me describió un comentario concreto que la había dejado especialmente tocada: una seguidora —a la que calificó de *hater*— le preguntó cuánta ayuda tenía en casa; nada más, ni insultos ni descalificaciones. Solo eso: «¿Cuánta ayuda tienes en casa?». Ella lo vivió como un ataque personal, como un intento de menospreciar su esfuerzo. «¿Y a ella qué más le da?», me dijo dolida.

Pero, cuando le pregunté directamente si tenía ayuda, me respondió que sí, que bastante. Que sin esa estructura en casa sería imposible producir tanto contenido, mantener un hogar impecable, entrenar a diario, viajar y estar tan disponible para las colaboraciones con empresas. Entonces le hice una confrontación suave, pero que a mí me pareció necesaria: «¿No crees que esa seguidora simplemente está preguntándose si lo que tú muestras es realista o accesible para cualquier persona? ¿No será que, sin querer, estás transmitiendo que haces sola cosas que no haces sola?». Se quedó en silencio. No estaba enfadada conmigo, estaba procesando. Entonces, se dio cuenta de algo importante: la sensación de engaño que experimenta un seguidor no siempre nace de la maldad del *influencer*, sino de la parte de realidad que se omite. No mostrar la ayuda no es mentir, pero sí genera una ilusión, y esa ilusión —cuando se rompe— produce frustración en ambas direcciones. Pero por qué duele tanto una crítica «inofensiva» en redes. Para cualquiera puede ser incómodo recibir un comentario cuestionador, pero para alguien cuya identidad profesional depende de la exposición ese comentario no cae en un lugar cualquiera, sino en el centro de la autoestima.

Por otro lado, el concepto de *hater* está deformado. En redes, quien no aplaude parece un enemigo. Uno de los fenómenos más interesantes de la psicología digital es cómo definimos *hater*. En la vida real, una persona que te hace una observación crítica no es un enemigo: un colega que te ofrece un punto de vista distinto no es un agresor, un familiar que te cuestiona no es una persona tóxica. En cambio, en redes sociales, toda disidencia se vive como hostilidad. Pero no te ha insultado, no te ha humillado, no te ha deseado mal, solo ha hecho una pregunta, ha expresado una duda o ha planteado un matiz. Sin embargo, la reacción emocional es desproporcionada: «Es un *hater*», «Viene a fastidiar», «Quiere hundirme».

¿Por qué? Porque las redes crean cámaras de eco donde solo entra la gente que ya está de acuerdo contigo. Cuando uno se acostumbra a ser aplaudido, la discrepancia no se percibe como diálogo, sino como agresión. El problema no es el comentario, más bien es que el usuario en redes sociales vive rodeado de aplausos artificiales y cualquier voz diferente rompe el equilibrio emocional. Lo irónico es que esto no ocurre de manera tan marcada fuera de las pantallas. En la vida real tenemos amigos que opinan distinto, familiares que nos contradicen, colegas que nos corrigen... y nadie piensa que son *haters*. Se trata de la vida normal, pues la vida real es plural. La vida virtual, en cambio, tiende a la unanimidad y, por eso, la crítica sana se percibe como una amenaza.

LINKEDIN: EL ESCAPARATE PROFESIONAL DONDE TAMBIÉN SE DISTORSIONA LA REALIDAD

LinkedIn, aunque tenga una estética más seria que Instagram o TikTok, funciona bajo una lógica muy similar: nos exhibimos. Mostramos proyectos, logros, reconocimientos... y, al mismo tiempo, ocultamos dudas, cansancio, frustraciones o errores. Hoy en día, esta red social es una herramienta real para encontrar trabajo y generar oportunidades, lo cual añade una presión extra: «Si no publico, no existo». Pero esa presión nos coloca ante una paradoja muy actual: ¿cómo encontrar el equilibrio entre mostrarnos suficientemente... sin caer en el exhibicionismo o en la caricatura profesional?

En la vida real resulta más fácil manejar la intimidad. No le contamos lo mismo a nuestros padres que a un amigo cercano, a un compañero de trabajo o a un desconocido. Regulamos naturalmente la distancia y el nivel de exposición. Sin embargo, en redes sociales sucede algo extraño: toda nuestra audiencia recibe el mismo mensaje, desde nuestra madre hasta un usuario de otro país, pasando por antiguos jefes, personas que apenas conocemos e incluso completos desconocidos. ¿Es natural compartir lo mismo con todos ellos? ¿Es saludable? ¿O nos hemos acostumbrado a un modelo de comunicación que nos deja expuestos y, a la vez, profundamente incomprendidos?

LinkedIn es un escaparate donde predomina una narrativa de éxito continuo: «Encantado de anunciar...», «Orgulloso de compartir...», «Agradecido por esta oportunidad...». Publicaciones impolutas donde casi nadie admite inseguridad, duda o error. ¿Pero qué ocurre con lo que no mostramos? ¿Qué pasa con los días en los que uno no está motivado, con los proyectos que salen mal, con las conversaciones difíciles, con el estrés que no cabe en una foto? Hace un tiempo leí un *post* que rompía por completo esa estética, y por eso me gustó. Lo escribió Antonio Espinosa de los Monteros, cuya trayectoria es, objetivamente, extraordinaria. Arquitecto de formación, es cofundador y CEO de AUARA, la primera empresa social de España que reinvierte el cien por cien de sus dividendos en proyectos de acceso a agua potable. AUARA ha llevado agua limpia a más de cien mil personas en veintitrés países, desarrollando más de ciento cincuenta proyectos, y ha sido pionera en Europa en usar botellas 100 % rPET. Espinosa de los Monteros también es cofundador y CEO de LIUX, una *start-up* española de movilidad sostenible que ha desarrollado el primer coche basado en fibras de lino, reduciendo peso, coste y emisiones. Ha sido reconocido por Forbes 30 Under30 y por One Young World TOP 15 Entrepreneur, y recibió el Premio Princesa de Girona CreaEmpresa 2024. Una biografía así podría alimentar cualquier relato de éxito. Sin embargo, en aquel *post* Antonio hizo algo radical: contó sus fracasos. Confesó que no lo aceptaron en la universidad que quería, que tampoco logró entrar en el MBA al que aspiraba, que pasó dieciocho meses desarrollando una bebida que nunca vio la luz, que un inversor les estafó un millón de euros y que más de quinientos inversores le dijeron que no. Era una lista larga, sincera, casi incómoda... y, sin embargo, profundamente liberadora. Mostraba lo que casi nadie muestra: que detrás de las historias de éxito siempre hay un cúmulo de tropiezos, rechazos y aprendizajes. Me recordó a algo que dijo Roger Federer en su discurso de graduación de Dartmouth en 2024: a pesar de ser uno de los mejores tenistas de la historia, solo había ganado el 54 % de los puntos jugados. Perder no era la excepción, era parte del camino. Lo que le convirtió en campeón no fue ganar todos los puntos, sino la capacidad de no quedarse atrapado en los puntos perdidos.

Entonces, ¿por qué nos cuesta tanto mostrar nuestras derrotas? ¿Por qué evitamos reconocer nuestras debilidades? La respuesta es psicológica: nuestra identidad digital se ha vuelto frágil. El reconocimiento externo funciona como un regulador emocional. Tememos que, si mostramos vulnerabilidad, perderemos respeto, oportunidades o valor. Pero ocultar la vulnerabilidad tiene un coste, hace que la vida de los demás parezca perfecta... y la nuestra insuficiente. Este fenómeno lo viví de forma muy clara con un amigo. Cenando juntos hace unos meses, me confesó que estaba completamente asqueado en su empresa: mala gestión, presión excesiva, poca motivación. Lo vi abatido, decepcionado, pensando en cambiar de rumbo. De hecho, aunque evidentemente lo hacía con discreción, estaba acudiendo a entrevistas en otras empresas del sector con la intención de irse si le salía alguna oferta buena. Al día siguiente, entré en LinkedIn y me encontré un *post* suyo que decía exactamente lo contrario: «Orgulloso de formar parte de un equipo tan inspirador». Lo leí dos veces, no porque mintiera, sino porque representaba perfectamente esta tendencia cada vez más habitual: adaptamos la historia al escenario, aunque la historia real vaya por dentro.

Este es el punto clave: LinkedIn no muestra la vida real, sino la vida conveniente. Lo más inquietante de todo es que lo sabemos..., pero aun así quedamos atrapados en la comparación. ¿Publicamos para... impresionar? ¿Lo que mostramos refleja nuestra vida... o la vida que desearíamos tener? ¿Buscamos oportunidades... o buscamos aprobación? ¿Callamos ciertos aspectos para encajar en la narrativa del éxito? ¿Qué efectos tiene esto sobre nuestra autoestima, nuestras expectativas, nuestra sensación de identidad?

No se trata de dejar de usar LinkedIn — puede abrir puertas reales —, se trata de usarlo recordando que ahí dentro nadie cuenta toda la verdad. Lo mejor es quedar con personas reales. Porque, al final, nuestra vida se parece mucho más a la de nuestros amigos reales — con sus días buenos, sus dudas, sus tropiezos y sus pequeñas alegrías — que a las versiones digitales que vemos desfilar en LinkedIn.

LA GRAN MENTIRA DE LA CONCILIACIÓN

Hay un concepto que se ha vuelto omnipresente en los últimos años, y es la conciliación. Nos la han vendido como si fuese un derecho natural, una capacidad humana universal, un objetivo que cualquiera puede alcanzar con un poco de disciplina, algo de planificación estratégica y algún método milagroso de productividad. Pero, si somos sinceros —una sinceridad que no se suele permitir hoy en día—, la conciliación perfecta no existe. Lo que sí existe es la elección, y elegir implica renunciar siempre, sin excepción.

Sin embargo, cuando abrimos Instagram, TikTok o incluso LinkedIn, aparece un relato muy distinto: padres que trabajan sin descanso, pero siempre están presentes en todos los eventos escolares; profesionales que triunfan en sus carreras mientras viajan, entrenan, leen, cocinan comidas saludables, duermen lo necesario y además mantienen una vida social vibrante; personas que parecen tenerlo todo, y además todo el tiempo, sin desgaste, sin conflicto, sin contradicciones. Esa narrativa es una estafa emocional, una ilusión colectiva que genera más daño del que sospechamos. Las redes sociales exageran la idea de conciliación hasta volverla inhumana. Allí vemos una vida donde nadie renuncia a nada: se puede ser el empleado perfecto, el emprendedor brillante, el padre o madre presente, el amigo disponible, el lector voraz, el deportista comprometido, el viajero incansable, el amante atento, el ciudadano ejemplar. Todo a la vez, todo bien, en equilibrio.

Es un ideal imposible, pero sin embargo nuestro cerebro —tan vulnerable a la comparación social— lo procesa como si fuera una referencia real. El daño psicológico viene después, cuando intentamos vivir según ese modelo y, lógicamente, no podemos. Entonces aparece un mecanismo psicológico muy conocido, la *disonancia cognitiva*: el yo real, con su cansancio, sus límites y su tiempo finito, choca violentamente contra el yo idealizado que hemos interiorizado tras ver cientos de vidas aparentemente perfectas. La mente, incapaz de reconciliar ambas versiones, empieza a generar pensamientos dolorosos: «No llego», «No soy suficiente», «Todo el mundo puede menos yo», «Estoy fallando como padre, como profesional, como pareja...». Pero el problema no es que estemos fallando, sino que estamos comparándonos con un estándar irreal.

Cada elección en la vida implica una renuncia. Si quieres volcarte en tu carrera profesional, habrá muchos planes a los que no llegarás. Si deseas ser un padre o madre presente, habrá proyectos profesionales que no podrás aceptar. Si quieres tener un estilo de vida tranquilo, habrá oportunidades laborales que dejarás pasar. Si la prioridad es tu salud, tendrás que decir «no» a ciertos compromisos. Cuando desees tiempo libre, tendrás que renunciar a ingresos u oportunidades laborales. No existe una vida donde todas las dimensiones crezcan al mismo tiempo, donde todo esté en equilibrio perfecto. Existe una vida real, donde cada decisión tiene un coste.

Cuanto más definamos la conciliación como la posibilidad de tenerlo todo sin renunciar a nada, más infelices e insatisfechos estaremos. Porque la insatisfacción nace de la distancia entre lo que esperamos y lo que tenemos. Y esa distancia, hoy, está manipulada artificialmente por narrativas irreales sobre cómo debería ser una vida equilibrada. A veces escucho a pacientes decir: «Tengo la sensación de que todo el mundo llega menos yo», «Otros padres pueden con todo, no sé qué me pasa», «Mi amiga trabaja, entrena y viaja con sus hijos... ¿Por qué yo no?».

La respuesta es simple: todos renunciamos a algo. Lo único que ocurre es que las redes sociales han convertido la renuncia en un secreto vergonzante, en algo que no se puede admitir porque empañaría la ficción del equilibrio perfecto. Quizá sería sano empezar a reformular la pregunta y, en lugar de «¿Cómo puedo conciliar todo?», plantear «¿Qué quiero priorizar ahora, sabiendo que eso implica dejar otras cosas en espera?». Es mucho más humilde, más humano y, sobre todo, más real. Porque la vida, al final, no es una suma infinita, sino una balanza. Quien intenta llenarla por ambos lados termina rompiéndola.*

---

* Si quieres profundizar sobre el tema de la conciliación, la filósofa Lucía Martínez Alcalde lo desarrolla con mucho acierto en su libro *El arte de no llegar a todo*.

EL PENSAMIENTO EN BLOQUES: CÓMO LAS REDES SOCIALES ESTÁN EMPOBRECIENDO NUESTRA LIBERTAD INTERIOR

Una de las transformaciones más preocupantes de nuestro tiempo es cómo las redes sociales están polarizando nuestra manera de pensar. Los algoritmos funcionan como un espejo complaciente que nos devuelve únicamente lo que nos agrada: opiniones cercanas a las nuestras, mensajes que confirman nuestros prejuicios, vídeos que refuerzan lo que ya creíamos. Se calcula que más del 70% del contenido que consumimos en plataformas como YouTube o TikTok proviene de recomendaciones algorítmicas, no de elecciones conscientes. Con ese nivel de «curaduría involuntaria», es casi imposible no verse arrastrado hacia un sesgo de confirmación permanente. Lo más inquietante es que esto nos vuelve más predecibles y menos libres. Nos va haciendo menos tolerantes con las ideas ajenas, menos capaces de matizar, menos abiertos a comprender y más inclinados a interpretar el desacuerdo como una amenaza personal.

Este proceso tiene una explicación psicológica muy conocida: *la polarización grupal.* En la década de 1960, el psicólogo James Stoner descubrió que, cuando las personas se reúnen con otras que piensan igual, sus opiniones no se moderan, sino que se vuelven más extremas. Décadas más tarde, Cass Sunstein y David Myers demostraron que este fenómeno se amplifica exponencialmente en entornos digitales. Internet —decía Sunstein— es la mayor máquina de polarización grupal jamás inventada, porque nos agrupa artificialmente con miles de personas que ya opinan como nosotros y elimina a las que podrían suavizar o enriquecer nuestras posiciones. No es extraño que, tras pasar un rato en redes, tengamos la sensación de que «todo el mundo piensa como yo». La red no nos muestra un espejo, sino una distorsión cuidadosamente ajustada a nuestras creencias.

Lo más preocupante no es la existencia de bandos —eso ha existido siempre—, sino la facilidad con la que dejamos de pensar por nosotros mismos. Cada vez es más frecuente que las personas adopten paquetes completos de ideas: si alguien apoya a X, podemos adivinar con gran precisión qué opina sobre Y, Z y W. No es coherencia, es delegación, pues resulta más cómodo adoptar la narrativa completa de un bloque ideológico que detenerse a pensar cada tema de manera independiente. Pero, cuando uno está siempre de acuerdo con el mismo grupo, no es señal de solidez intelectual, sino de haber renunciado al criterio propio. Por eso admiro profundamente a quienes son impredecibles, no por rebeldía gratuita, sino porque poseen la libertad interior de analizar cada cuestión sin miedo a salirse del guion del grupo.

La polarización también ha traído consigo una simplificación moral sorprendente. Ante cualquier conflicto, cada parte construye un relato en el que nosotros somos los buenos y ellos, los malos; como ellos son los malos, queda justificado cancelarlos, vetarlos, expulsarlos del espacio de conversación. La cancelación se ha convertido en una forma rápida —y profundamente inmadura— de gestionar el desacuerdo. Pero cancelar no resuelve nada, solo destruye puentes. Cancelamos porque escuchar al otro genera disonancia cognitiva: si alguien inteligente sostiene algo que contradice mis creencias, me obliga a revisar mis ideas... y eso duele, por eso es más fácil silenciarlo. Paradójicamente, el miedo a ser influenciados no habla de la peligrosidad de las ideas ajenas, sino de la fragilidad de las propias. Las ideas sólidas no temen el contraste.

Otra consecuencia de este ecosistema es la ligereza con la que opinamos. Hoy en día muchas personas construyen su postura sobre guerras, conflictos sociales o personajes públicos basándose en titulares, clips recortados o tuits sin contexto. A veces escucho tertulianos opinar con absoluta seguridad sobre Ucrania, Palestina o

China y me pregunto si han leído un solo libro de historia o geopolítica de esos países. Saber un poco sobre todo se ha convertido en un sustituto superficial de saber de verdad sobre algo. Y cuanto más superficial es nuestro conocimiento, más dogmática y ruidosa se vuelve nuestra opinión.

La polarización tiene otro efecto silencioso: erosiona la empatía. A pesar de vivir en una sociedad que se considera a sí misma más sensible al sufrimiento ajeno, nuestras reacciones emocionales parecen depender más de quién es la víctima que del hecho en sí. Dolor, indignación o compasión fluctúan según la identidad del protagonista. Pero la empatía verdadera exige un esfuerzo que hoy casi nadie hace: escuchar con calma a quienes piensan distinto. Por eso recomiendo un ejercicio sencillo pero transformador: leer periódicos de ideologías opuestas a la propia, no para cambiar de posición, sino para comprender. Y comprender no significa compartir, sino humanizar.

Lo que más me preocupa es la simplificación extrema que triunfa en la era digital. La realidad, siempre compleja, se ve reducida a eslóganes, hilos incendiarios y memes virales. La mente humana, que tiende naturalmente a la pereza cognitiva, encuentra en esa simplificación una coartada perfecta para no pensar. Las redes nos entrenan para reaccionar, no para reflexionar; para posicionarnos, no para comprender; para elegir bando, no para buscar la verdad. La polarización no solo fragmenta la sociedad, sino también algo mucho más íntimo: nuestra libertad interior. La capacidad de cambiar de opinión, de matizar, de sostener la complejidad, de ser impredecibles, de pensar por encima de los bloques. Quizá la pregunta más honesta que podemos hacernos sea esta: si en los últimos años no he cambiado de opinión sobre nada importante, ¿estoy pensando realmente... o simplemente participo de un grupo?

RECUPERAR EL CRITERIO PROPIO EN UN MUNDO QUE CONFUNDE INFLUENCIA CON CONOCIMIENTO

En la era de las redes sociales, una de las tareas más difíciles —y más urgentes— es aprender a fiarnos más de nuestro propio criterio que del ruido que vemos en las pantallas, incluso en asuntos profesionales, aunque quien habla parezca altamente cualificado. Vivimos rodeados de voces que opinan, aconsejan, diagnostican, recomiendan y sentencian. Sin darnos cuenta, podemos caer en un fenómeno psicológico muy estudiado, la llamada *influencia informativa*. Esta aparece cuando una persona adopta la opinión de otros porque asume que ellos poseen un conocimiento superior. Es una tendencia humana normal: si vemos muchas personas inclinadas hacia una postura, interpretamos —a veces sin darnos cuenta— que «deben saber algo» que nosotros no sabemos. En redes sociales, este mecanismo se dispara. Si un perfil tiene cientos de miles de seguidores, una estética impecable o una narrativa de seguridad absoluta, nuestro cerebro interpreta su mensaje como si fuera automáticamente válido. Y, si discrepamos, puede surgir una duda profundamente humana: «¿Puede que yo esté equivocado?».

Por eso tanta gente confía más en un desconocido que en su propio médico. Es un mecanismo inconsciente, pues el cerebro interpreta la popularidad como prueba de conocimiento, aunque en realidad solo es prueba de exposición. Lo mismo ocurre en la vida cotidiana: si entras a un restaurante vacío pero el de al lado está lleno, tenderás a pensar que el lleno es mejor, aunque no hayas probado ninguno. La popularidad se vive como sello de calidad..., aunque puede no significar nada. Este fenómeno se agrava porque en redes sociales los conflictos de interés son más sutiles que en la vida real. En la consulta, un médico sabe que su función es ayudarte, pero en redes un creador de contenido sabe que su misión es gustar. Y gustar —para muchos— se ha convertido en la métrica que define el valor de su trabajo. Eso condiciona inevitablemente el contenido. Un ejemplo muy claro lo vemos en salud mental. Los psiquiatras hablamos muy poco en redes de problemas como la esquizofrenia o el trastorno bipolar. No por falta de importancia, sino porque —siendo honestos— son condiciones que afectan a un porcentaje pequeño de la población y generan menos interacción. En cambio, temas más generales —ansiedad, *burnout*, autoestima, insomnio— triunfan.

Los médicos solemos ser comedidos. Sabemos que cruzar los límites de nuestra especialidad puede ser irresponsable. Pero en redes sociales, donde la competencia por la atención es feroz, esa prudencia muchas veces no se mantiene. A veces veo perfiles de enfermeras, farmacéuticos o bioquímicos que hablan con soltura de nutrición, pediatría, psiquiatría, dermatología o cardiología. ¿Son expertos en todo eso? Probablemente no, pero las redes no premian la precisión sino la amplitud, la sencillez y la capacidad de atraer audiencia. Esto tiene consecuencias reales. Pediatras amigos me cuentan que muchos padres cuestionan lo que se les dice en consulta, apelando a algún foro o a algún «experto» que han visto en Instagram. Aunque pueda parecer absurdo, psicológicamente es comprensible. Cuando una figura está tan presente en tu móvil —la ves cada día, sonríe, explica, aconseja, transmite seguridad—, se genera una ilusión de cercanía que no se da con el médico del centro de salud, al que quizá ves apenas diez minutos cada varios meses. De algún modo paradójico, la repetición crea vínculo, y el vínculo crea autoridad: no una autoridad real, sino emocional. Pero que un mensaje suene convincente no significa que sea verdadero, que un consejo tenga buena acogida no garantiza que esté respaldado por la evidencia y que un perfil goce de fama no significa que sea un experto.

Las redes sociales han popularizado remedios naturales, suplementos milagrosos y consejos de salud que «suenan bien»... pero que no tienen ningún respaldo científico. Sin embargo, funcionan como productos virales porque apelan a algo muy profundo en nosotros, al deseo de soluciones sencillas para problemas complejos. El cerebro humano ama la simplicidad, pero la simplicidad puede ser peligrosa. Algo similar me ocurrió hace años cuando fui columnista en *Telva*: una señora me escribió diciéndome que siempre hablaba de los aspectos más positivos de la psiquiatría y de los problemas más frecuentes, pero nunca de las enfermedades que no tienen buena solución. Su comentario me removió porque tenía razón. Además, me contó una circunstancia personal que me hizo comprender fácilmente su postura. En divulgación —y en redes sociales más todavía— hablamos de lo que genera esperanza, conexión, interés... y dejamos fuera lo que es difícil, triste o menos agradecido. No porque carezca de importancia, sino porque no funciona igual de bien. Todo esto nos debería llevar a una reflexión profunda: ¿en quién confiamos y por qué?, ¿confiamos porque sabe de lo que habla o simplemente porque lo cuenta bien?, ¿acaso tiene autoridad real o es que tiene autoridad percibida?, ¿se debe a que tiene evidencia o es porque tiene *likes*?

Posiblemente, la pregunta más importante es qué podemos hacer para no perder nuestro propio criterio. Pues este apartado no es un alegato contra las redes sociales, sino una invitación a recuperar algo esencial y profundamente humano: el criterio propio, la capacidad de pensar por uno mismo, de disentir aunque la mayoría aplauda, de escuchar al experto de carne y hueso, de comprobar fuentes y, sobre todo, de no entregar nuestra lucidez al algoritmo.

Capítulo 5
EL PODER OCULTO DE LOS LÍMITES
Por qué los límites no nos quitan libertad, sino que la hacen posible

En los últimos años hemos aprendido a desconfiar de las figuras de poder que abusaban de su autoridad, y con razón: padres autoritarios, jefes tiranos, profesores humillantes, regímenes políticos opresivos. Esa crítica era necesaria, el problema es que, en el camino, hemos tirado también algo que sí era saludable: la idea de que la autoridad y los límites son necesarios para crecer.

Hoy en día está de moda cuestionarlo todo: la autoridad de los padres, de los profesores, de la policía, de los jueces, incluso de los expertos en muchos ámbitos. Es comprensible, pues, cuando uno ha visto autoritarismo, tiende a asociar cualquier forma de autoridad con abuso. Pero una cosa es el autoritarismo y otra muy distinta es la autoridad bien ejercida. Sin la autoridad de los profesores, los alumnos se pierden; sin la autoridad de los padres, los hijos se debilitan; si no existiese la autoridad (legítima) de la ley, la convivencia se deterioraría. Al final, todos necesitamos cariño, afecto y empatía..., pero también exigencia, seguimiento y control. Sabemos que un jefe que nunca pide cuentas, que no marca objetivos, que no revisa resultados, acaba generando equipos desmotivados y poco productivos. Lo mismo ocurre en la administración pública: cuando nadie controla los horarios, la calidad del trabajo o el cumplimiento de plazos, el sistema se degrada. Imaginemos por un momento una universidad sin exámenes ni trabajos evaluables: la mayoría de los alumnos no estudiaría «por amor al conocimiento», sino que estudiarían mucho menos. Los límites, aunque a veces incomoden, son una forma de cuidado.

Con nuestra salud física y mental pasa exactamente lo mismo. No todos necesitamos el mismo nivel de control externo, pero a todos nos ayuda que haya límites claros: horarios de descanso, normas de convivencia, reglas básicas en el uso de pantallas, límites al consumo de sustancias, etc. Sin marco, uno se dispersa, y sin bordes, la vida se desborda.

LÍMITES QUE SALVAN VIDAS (AUNQUE AL PRINCIPIO MOLESTEN)

A nivel colectivo, los límites también son una herramienta de protección. Un ejemplo muy claro es la ley antitabaco. Cuando se planteó en España la prohibición de fumar en interiores, muchos auguraron el fin de la hostelería, la ruina de bares y restaurantes, el apocalipsis del tapeo. La realidad ha sido muy diferente: la hostelería se adaptó, la gente se acostumbró a salir a fumar fuera y hoy a casi nadie se le ocurriría volver a cenar en un local lleno de humo. Los datos de otros países y de España muestran que las leyes antitabaco no solo han cambiado costumbres: han salvado vidas. Metaanálisis internacionales de leyes de espacios sin humo han observado descensos en torno al 15-17 % en los ingresos hospitalarios por síndrome coronario agudo en el primer año tras la implementación de estas medidas. En lenguaje clínico, esto quiere decir menos infartos, menos anginas inestables, menos personas entrando en urgencias con dolor torácico. Un límite que, en su día, muchos vivieron como una intromisión en su libertad ha resultado ser una de las intervenciones de salud pública más efectivas de las últimas décadas.

Algo parecido ocurre con otros ámbitos sensibles, como el juego. En Europa, los ingresos brutos del mercado del juego alcanzaron en 2022 unos 108.500 millones de euros, con un crecimiento del 23 % respecto a 2021 y un aumento muy marcado del juego *online*. No se trata solo de ocio, pues detrás hay endeudamiento, ludopatía y familias rotas. Poner límites a la publicidad de casas de apuestas, regular la apertura de locales cerca de colegios o restringir bonos agresivos de captación no es moralismo, es prevención de daño.

DEL «NO ME MANDES» AL «ME PIERDO SIN REFERENCIA»

En el terreno educativo, la desconfianza hacia la autoridad también nos está pasando factura. En muchos colegios, los profesores sienten que ya casi no pueden ejercer su rol sin ser cuestionados constantemente. Algunos padres desautorizan al profesor delante del hijo, corrigen cada decisión, exigen explicaciones por cada suspenso o sanción. La intención muchas veces es proteger al niño, pero el efecto casi siempre es el contrario: le quitan al profesor la autoridad que necesita para educar, y al hijo la referencia externa que necesita para crecer.

Lo mismo ocurre en casa. Padres que, por miedo a repetir modelos autoritarios, pasan al extremo opuesto: la hiperpermisividad. Todo se negocia, nada se prohíbe con claridad. «No quiero traumatizarle», dicen, pero un niño al que nadie le dice «no» es imposible que crezca libre, lo hace desorientado. No sabe dónde están los límites, no aprende a tolerar la frustración, no distingue bien entre deseo y derecho. De adultos, muchas de estas personas llegan a consulta con una sensación difusa de vacío, de falta de estructura interna, de no saber muy bien quiénes son ni qué quieren. Hoy en día sabemos que los estilos educativos más protectores a largo plazo son los que combinan afecto alto y exigencia clara: padres cercanos, disponibles, cariñosos, pero con normas, consecuencias y expectativas razonables. Ni autoritarismo rígido («porque lo digo yo y punto») ni permisividad total («haz lo que quieras mientras seas feliz»), sino un término medio exigente y cálido a la vez. Los límites, en este contexto, no humillan, sino que protegen, estructuran y orientan.

LÍMITES QUE AYUDAN A ELEGIR MEJOR: LA *NUDGE THEORY* Y LA ARQUITECTURA DE DECISIONES

En las últimas décadas, la economía del comportamiento ha puesto palabras técnicas a algo que la experiencia ya intuía: el contexto influye poderosamente en nuestras decisiones. Richard Thaler, premio nobel de economía en 2017, desarrolló junto con Cass Sunstein la llamada *nudge theory* («teoría del empujón»), que describe cómo pequeños cambios en la «arquitectura de elección» pueden ayudarnos a tomar decisiones más saludables o prudentes sin quitar libertad. Un ejemplo clásico es el de los comedores escolares o de empresa: si colocas la fruta y las ensaladas a la altura de los ojos y dejas los postres menos saludables lejos o en estanterías inferiores, aumenta el consumo de opciones saludables sin prohibir las otras. Otro ejemplo son los programas de pensiones en los que la inscripción es automática y quien no quiera participar debe renunciar activamente: la mayoría permanece dentro y ahorra más para su jubilación. El mensaje de fondo es muy poderoso: que el ser humano decide dentro de un marco, y ese marco puede diseñarse para que la elección saludable sea la más fácil. La ley anti-tabaco o los límites a la publicidad del juego, en el fondo, son formas de *nudge* colectivo: no te impiden vivir, pero te ponen más fácil vivir mejor. Reducen la fricción para la decisión sana y la aumentan para la decisión dañina. Esto, lejos de infantilizarnos, nos cuida.

Sé que la palabra *límite* no goza de buena prensa, pues a muchos les suena a censura, represión, prohibición. Es cierto que los límites mal puestos pueden ser injustos o dañinos, pero la alternativa tampoco funciona: una cultura sin límites claros termina generando personas frágiles, incapaces de tolerar la frustración, de diferenciar entre lo que les apetece y lo que les conviene. En las próximas páginas iremos descendiendo a terrenos más concretos –pantallas, horarios, ocio, relaciones– para ver cómo los límites bien puestos no restan libertad, sino que la hacen posible.

EL PUENTE GOLDEN GATE, UNA LECCIÓN VALIOSÍSIMA

Hay medidas que parecen pequeñas, casi simbólicas... hasta que uno mira los datos. Una de las intervenciones más efectivas en prevención del suicidio jamás registradas no fue una gran campaña de concienciación, ni un innovador protocolo clínico ni un despliegue tecnológico, sino una barrera metálica. Quizá el caso más conocido es el del puente Golden Gate de San Francisco, tan hermoso, mítico, fotografiado millones de veces... y también, durante décadas, uno de los lugares más asociados trágicamente al suicidio en el mundo. Desde su inauguración en 1937, se estima que más de dos mil personas se quitaron la vida saltando desde sus 67 metros de altura. Algunos casos fueron mediáticos –como el de Roy Raymond, fundador de Victoria's Secret–, pero la inmensa mayoría fueron vidas anónimas cuyo sufrimiento nunca salió en un titular. Para muchos, el Golden Gate era «el sitio». Ese lugar que simbolizaba un final rápido, definitivo, accesible. ¿Qué hicieron las autoridades cuando comprendieron su impacto? Propusieron instalar barreras físicas, una red que impidiera el salto. Algo simple, casi rudimentario..., pero profundamente disruptivo. Los detractores fueron muchos, algunos decían que era feo, que arruinaría la estética del puente; otros afirmaban que sería inútil, que quien quisiera suicidarse iría a otro sitio, y algunos estaban convencidos de que el gasto era desproporcionado. Pero aquí es donde la psicología y la estadística se dan la mano. Cuando finalmente las barreras se implementaron, ocurrió algo extraordinario: los suicidios no solo disminuyeron en el Golden Gate..., sino en toda la bahía de San Francisco. Es decir, quienes llegaban al puente con intención suicida y encontraban la barrera no solían irse a otro lugar. Esa pequeña fricción, ese límite mínimo, bastaba para interrumpir el impulso en la mayoría de los casos.

¿Por qué sucedió esto? Porque la conducta suicida, en un porcentaje muy relevante de personas, no es un deseo firme y estable, sino un impulso agudo, explosivo, que puede durar minutos u horas. Cuando ese impulso encuentra una resistencia —una barrera, una red, una puerta cerrada, un trámite, un tiempo que pasar—, pierde fuerza. Es como si la emoción encontrara un muro, rebotara... y se deshiciera lentamente. Desde un punto de vista psicológico, resulta fascinante: el límite no elimina el dolor, pero abre un espacio de tiempo en el que entran la duda, el cansancio, el alivio, el miedo o las ganas de vivir. Muchas veces, solo eso basta. El límite actúa como un «salvavidas temporal», unos minutos que pueden ser suficientes para sobrevivir.

Una de las voces que más peleó por las barreras del Golden Gate fue Kevin Hines, uno de los pocos supervivientes documentados tras saltar desde el puente. Nada más soltarse del borde, mientras caía, comprendió que no quería morir. Su historia —contada en el libro *The Art of Being Broken*— es un recordatorio brutal de que el suicidio puede ser un acto impulsivo y reversible... si se introduce un límite a tiempo. El Golden Gate no es un caso aislado, pues la batería de investigaciones internacionales sobre prevención del suicidio señala una conclusión consistente: poner distancia, dificultad o tiempo entre una persona en crisis y un método letal salva vidas.

Otro caso de éxito ha sido Islandia, que a base de instaurar medidas valientes y decididas ha sido capaz de pasar de ser uno de los países de Europa con peores tasas de consumo de tabaco, alcohol y drogas en adolescentes a ser uno de los de menor consumo. En la década de 1990 se estima que un 42% de los adolescentes de Islandia se había emborrachado al menos una vez en el último mes, un 23% fumaba a diario y un 17% había probado el cannabis. Ante esta situación el gobierno de Islandia decidió poner en marcha un plan muy ambicioso con actuaciones a muchos niveles. Entre las muchas medidas que pusieron en marcha se incluía un registro constante de consumo de tabaco, alcohol y drogas en adolescentes, acciones diferenciadas según las características de la población, involucrar a la comunidad adulta en este asunto, impartir cursos gratuitos de prevención, inversión en actividades recreativas públicas, establecimiento de un toque de queda preventivo y prohibición de la publicidad de estas sustancias. Asumo que este paquete de medidas levantaría mucho revuelo y críticas, pero el tiempo ha dado la razón a quienes las pusieron en marcha: veinte años después, Islandia ha logrado reducir el consumo de cannabis entre adolescentes al 7%, el consumo diario de tabaco al 3% y las borracheras en el último mes al 5%. Durante la pandemia de COVID tuvimos un montón de ejemplos que demostraron que los gobiernos que tomaron decisiones más tempranas y más decididas fueron los que mejor la controlaron.

LAS RETICENCIAS (SOBRE TODO AL INICIO) NUNCA VAN A FALTAR

Tanto la ley antitabaco como la construcción de las barreras físicas antisuicidio del Golden Gate o las medidas instauradas en Islandia han tenido sus detractores. Siempre los va a haber, pues, cuando se ponen límites, se establecen normas estrictas o se exige, siempre va a haber quejas. Sin embargo, con el tiempo estas quejas, si se hacen bien las cosas, acaban convirtiéndose en agradecimiento. En la Facultad de Medicina de la Universidad de Alcalá es curioso que el profesor que mayor porcentaje de suspensos tienen en primera convocatoria en sus asignaturas es a la vez el profesor que más veces ha sido elegido padrino de promoción por los alumnos. Puede resultar contradictorio, pero la experiencia nos dice que, cuando se exige con cariño, las cosas acaban saliendo bien. Es probable que durante la carrera muchos alumnos detestaran a este profesor; sin embargo, al terminar, cuando llega el momento de elegir padrino o madrina, los alumnos echan la mirada atrás y, preguntándose con qué docente aprendieron más, se acuerdan del «duro», el que les exigió y los ha hecho avanzar. Evidentemente, aunque ese aprendizaje implicara sufrimiento, cuando llegan al MIR o a las primeras guardias, cualquier médico agradece haber estado bien formado. La vida es dura, y cuanto mejor preparado esté uno, mejor podrá afrontarla, incluso si esa preparación exige pasar por momentos difíciles.

Lo mismo ocurre en las familias o en los colegios. Los padres que exigen a sus hijos, que además son cariñosos y empáticos con ellos, son los que mejor relación tienen a largo plazo. Esto es especialmente importante en la adolescencia, que es un periodo de la vida crucial para la forja del carácter, el criterio y la voluntad. Los adolescentes tienen que poner a prueba los límites, es lo normal y propio de la edad. Por eso es muy importante que los adultos sean firmes a la hora de respetar los límites, pues lo que más autoridad resta es saltarse los límites que uno mismo impone.

Aquellos padres o profesores negligentes o excesivamente indulgentes a medio-largo plazo no suelen tener buena relación con sus hijos o alumnos. La ausencia de normas y de disciplina conduce a la falta de exigencia, y esto hace que uno se vuelva más débil y vulnerable. Quien no se ha habituado a un cierto nivel de exigencia en la adolescencia corre el riego de que más adelante en la vida los problemas le sobrepasen.

LA LECCIÓN DE MI ABUELO MIGUEL ÁNGEL

Mi abuelo Miguel Ángel me enseñó muchas cosas, siempre sin levantar la voz. Durante los periodos de vacaciones me gustaba ir, en alguna ocasión, a desayunar con él; por aquel entonces ya estaba jubilado, y era un hombre de costumbres. Mi abuelo disfrutaba desayunando todos los días en la misma cafetería y a la misma hora. Pero, si yo quería ir a desayunar con él algún día de vacaciones, me debía amoldar a su horario. Una tarde le llamé para decirle que al día siguiente iría a desayunar con él, quedamos en que a las 8.45 pasaría a recogerme por mi casa y me recordó que debía ser puntual. Sin embargo, al día siguiente se me pegaron un poco las sábanas y bajé diez minutos tarde. Para mi sorpresa, mi abuelo no estaba. Cuando le llamé para preguntarle dónde había ido, me respondió tranquilamente y sin levantar la voz que estaba desayunando, tal y como habíamos quedado. Me quedé helado. Pero, por fortuna, mis miedos se desvanecieron: no se había enfadado, simplemente había actuado según lo acordado; me había pasado a recoger y, al no encontrarme en la puerta a la hora acordada, se había ido a desayunar él solo. Evidentemente, no volví a llegar tarde a una cita con mi abuelo y al día siguiente estuve en el lugar acordado diez minutos antes de la hora. Lo mejor de todo es que ni siquiera me levantó la voz: para tener autoridad no es necesario gritar, ni ponerse agresivo ni amenazante. Basta con ser ejemplar y cumplir con lo acordado, solo entonces se puede exigir a los demás. Lo primero es ser ejemplar, y mi abuelo lo era. Su forma de establecer límites, con firmeza pero con cariño, no solo me enseñó a ser puntual, sino también a respetar los compromisos y a valorar la importancia de las pequeñas cosas.

Ni los padres, ni los profesores ni quien tenga esa responsabilidad en cada ámbito deben renunciar a su autoridad. No basta con establecer normas, hay que ejercer la autoridad, con tacto pero sin que tiemble el pulso. Es algo que requiere esfuerzo, pero merece la pena. Nuestros hijos o las personas que estén a nuestro cargo lo necesitan. Los padres no deben dar carta blanca a sus hijos, deben ponerles límites y, si es posible, con argumentos sólidos, serenos y bien razonados. Nunca como una imposición autoritaria. Si se enfadan, entra dentro de lo esperado. Como hemos dicho antes, siempre que se pretende poner un límite, ya sea individual o colectivo, las quejas nunca van a faltar y resultan previsibles.

EL MOMENTO DE ACOSTARSE

Uno de los peligros de utilizar el móvil por la noche es que sin darnos cuenta nos puede quitar horas de sueño. Sí, lo digo en plural: horas. En la consulta suelo preguntar a los pacientes por la calidad de su descanso nocturno. Cuando les pregunto por la facilidad o dificultad que tienen para conciliar el sueño, siempre les pido que diferencien entre el momento en que se van a la cama y el momento en que se ponen en disposición de dormirse. Es muy habitual que haya un lapso de tiempo entre ambos momentos. Hay que poner límites al móvil por la noche. Se trata del típico ámbito en el que experimentaremos claramente el beneficio de poner límites, ya que dormiremos más y estaremos más descansados al día siguiente. En el caso de los adolescentes, pienso que hay que restringir del todo el uso de móvil en la cama, pero evidentemente cuesta hacerlo. Sin embargo, es la típica norma en la que los padres tienen que hacer uso de su autoridad, para bien de su hijo o su hija. Si los padres, al imponer la regla de «no se tiene el móvil en la habitación por la noche» escuchan las quejas de su hijo, le comprenden, pero logran no ceder —aunque este se enfade—, con el tiempo el adolescente les estará agradecido, aunque nunca llegue a expresarlo. Las quejas y los enfados son propios de la adolescencia, pues son la manera en que el adolescente se desahoga y pone a prueba la resistencia de sus padres. Pero no hay que tener miedo a los enfados, pues, cuando la autoridad se ejerce con cariño y con razones sólidas, merece la pena mantenerse firmes.

Sin embargo, en los últimos años parece que nos estamos pasando de indulgentes, lo cual es un grave error. La falta de normas y de disciplina en los colegios y en las familias está pasando factura a nivel mental a los jóvenes y adolescentes. En ciertos temas no se puede ceder, y hemos cedido demasiado con los móviles, también con el acceso a internet. Los escasos límites en el uso de la tecnología han dañado mucho la salud mental de los más jóvenes.

Pero también hemos cedido en otros temas relevantes. Recuerdo que hace poco la madre de un universitario me preguntó en la consulta por el botellón. Le respondí, completamente convencido, que «tanto el uso de internet por la noche como el consumo de pornografía o cannabis son mucho más dañinos para la salud mental de un joven que el botellón». No es que esté haciendo apología del botellón, pero sí considero necesario destacar que incluso el botellón es más saludable que usar internet por la noche, consumir pornografía o cannabis. Hay que elegir bien las batallas que queremos ganar.

CUANDO LA INDULGENCIA SE CONVIERTE EN ENEMIGO

Últimamente oímos mensajes muy benévolos en torno al cannabis, casi seductores: «El cannabis no es tan malo», «Es natural», «Es medicinal». Ese discurso, cada vez más extendido en Occidente, ha ido construyendo una narrativa peligrosa, la idea de que el cannabis es inocuo, o que sus riesgos son mínimos y controlables. Como psiquiatra, me preocupa profundamente esta tendencia. No porque ignore los argumentos sociales o económicos que algunos esgrimen para justificar su legalización. Me preocupa porque estamos cometiendo un error que la humanidad ha repetido muchas veces: confundir permisividad social con inocuidad clínica. Y esa confusión está teniendo un impacto directo en la salud mental de muchas personas.

Todos estos debates y discursos procannabis están calando en la sociedad y la percepción de riesgo está en caída libre. Según los datos de la encuesta EDADES 2024 (impulsada por el Ministerio de Sanidad), el 43,7 % de la población española de quince a sesenta y cuatro años ha consumido cannabis alguna vez en la vida, un aumento significativo respecto al 30,4 % en 2013. En el último año lo consumió un 12,6 % de la población, frente al 9,2 % en 2013, y en el último mes lo hizo un 10,5 %, casi el doble que en 2013. Este incremento no se entiende sin un factor clave: la caída de la percepción de riesgo; una relación que estudiamos con enorme detalle en varios de nuestros trabajos.

En la tesis doctoral de Consuelo Castillo —que dirigimos el doctor Javier Quintero y yo, defendida con brillantez en junio de 2025— analizamos cómo la legalidad, la permisividad política y el discurso público influyen en la percepción social del cannabis. Cuando un país avanza hacia posiciones más laxas, la percepción de riesgo cae. Algo parecido observamos en el trabajo de fin de grado de Carla Ojeda, que codirigí junto al doctor Fernando Mora: una caída sostenida de la percepción de riesgo en jóvenes, paralela al aumento del discurso normalizador en redes sociales. Este fenómeno es exactamente el que estamos estudiando ahora con mayor profundidad en un proyecto financiado por el Instituto de Salud Carlos III, que comenzó en enero de 2026: cómo ha cambiado la percepción pública del cannabis en la última década, cómo influyen los bots, la publicidad encubierta y los discursos prolegalización en redes sociales, y cómo estos cambios están afectando al consumo. Este proyecto tratará de entender mejor cómo se está configurando la opinión pública y qué sectores están promoviendo mensajes de «blanqueamiento» sin evidencia científica que los respalde.

Es razonable que algunos sectores políticos y sociales defiendan la legalización argumentando potenciales beneficios: reducción del mercado negro, control de la calidad, recaudación fiscal, disminución de delitos menores. Estos argumentos existen y deben formar parte del debate, pues ignorarlos sería deshonesto. Pero también debemos saber que legalizar el cannabis no es neutral. La experiencia nos dice que, cuando se aprueba una regulación amplia del cannabis, sucede un fenómeno que no podemos ignorar: el consumo aumenta, y con él aumentan los daños. Lo que vas a leer a continuación procede de algunos de los estudios más sólidos realizados en Estados Unidos y Canadá. Son investigaciones poblacionales, con cientos de miles de registros, que analizan cómo cambian las urgencias, hospitalizaciones y problemas de salud mental cuando el cannabis pasa de ser ilegal a legal y accesible.

En 2024 se publicaron en la revista *Journal of Affective Disorders* los resultados de una investigación interesantísima de un equipo multidisciplinar de Canadá, que examinó una cuestión crucial: ¿han aumentado las autolesiones relacionadas con el consumo de cannabis desde que Canadá legalizó su uso medicinal y recreativo? Para responderla, los autores analizaron más de 158.000 visitas a urgencias por autolesiones registradas en Ontario (la provincia más poblada del país: 14,2 millones en 2021) entre 2010 y 2021, un periodo que abarca desde antes de la legalización hasta los primeros años de comercialización del cannabis recreativo. La metodología fue sólida: se trató de un estudio de series temporales repetidas, basado en datos administrativos que cubren prácticamente el cien por cien de las urgencias de la región, y los resultados fueron contundentes. Las visitas a urgencias por autolesión asociadas al cannabis casi se duplicaron, pasando de 3,6 a 6,9 por cada cien mil habitantes en ese periodo. Lo más llamativo es que este incremento no ocurrió tras la legalización recreativa −cuando aún había pocas tiendas y la accesibilidad real era limitada−, sino tras la liberalización del cannabis medicinal. Posteriormente, en la fase de comercialización (cuando proliferaron los dispensarios y aparecieron productos de muy alta potencia), las tasas volvieron a aumentar. Aunque el estudio no puede demostrar causalidad (no sabemos si el cannabis aumenta el riesgo de autolesión o si las personas con mayor sufrimiento psicológico recurren más al cannabis), sí muestra algo incuestionable: la autolesión relacionada con el cannabis se está volviendo más frecuente y grave en el sistema sanitario canadiense durante la era de la legalización.

En otro trabajo realizado en Colorado (Estados Unidos) encontramos hallazgos similares. Wang y sus colaboradores publicaron un artículo en la revista *International Journal of Drug Policy* en 2022 que ofrece uno de los panoramas más contundentes de lo que ocurre cuando aumenta de forma intensa y repentina el acceso al cannabis recreativo. Los autores analizaron todas las visitas a urgencias por psicosis y esquizofrenia en Colorado entre 2013 y 2018 −más de 85.000 episodios combinados− y cruzaron estos datos con el número de dispensarios de cannabis existentes en cada condado en cada trimestre. El hallazgo principal es muy claro: a mayor densidad de dispensarios recreativos, mayor número de urgencias por psicosis. Concretamente, el aumento fue de un 24 % por cada incremento en la disponibilidad de estos puntos de venta. El efecto fue especialmente notable en condados donde antes no existían dispensarios médicos, lo que sugiere una población menos familiarizada con productos de alta potencia. Este dato coincide con lo observado en otros países: el consumo de cannabis con concentraciones elevadas de THC es un factor de riesgo sólido para la psicosis aguda.

Finalmente, quiero comentar un artículo muy interesante publicado en *Psychiatry Research* en 2022 en el que participaron varios investigadores de la Universidad de Harvard, incluidos los psiquiatras Lauren Moran y Dost Ongur, que ejercen su práctica clínica en el hospital McLean. En este trabajo quisieron responder a una pregunta muy importante: ¿aumentan los problemas psicóticos graves en las regiones donde el cannabis está más normalizado y legalizado? Para investigarlo, utilizaron uno de los mayores repositorios clínicos de Estados Unidos: la National Inpatient Sample. Se centraron en todas las hospitalizaciones de adultos del año 2017 y buscaron aquellas en las que aparecía un diagnóstico de psicosis asociada al consumo de cannabis. La cifra final era enorme: aproximadamente 129.000 ingresos hospitalarios por psicosis asociada al cannabis solo en ese año. Después dividieron el país en las nueve regiones censales oficiales y compararon cada una de ellas. La clave estaba en una zona concreta: el Pacífico (California, Oregón, Washington, Alaska y Hawái), la única región donde la mayoría de los estados ya había legalizado el cannabis recreativo en 2017. Los resultados fueron claros y preocupantes: la región del Pacífico presentaba una probabilidad un 55 % mayor de ingresos hospitalarios por psicosis vinculada al cannabis, incluso tras ajustar por edad, sexo, variables socioeconómicas y comorbilidades. Cuanto más permisiva era la política del cannabis de una región, mayor era la proporción de hospitalizaciones psicóticas relacionadas con la sustancia. Además, las regiones con leyes más liberales tenían un porcentaje mayor de residentes que consumían cannabis mensualmente y un menor porcentaje de personas que lo percibían como dañino. Los autores son prudentes y reconocen limitaciones — es un estudio transversal, no puede probar causalidad —, pero el patrón es consistente con otras investigaciones y con la neurobiología conocida del THC. Este trabajo se ha convertido en una referencia, pues ofrece uno de los análisis poblacionales más robustos que tenemos sobre el impacto psiquiátrico de la legalización del cannabis en Estados Unidos.

Uno de los elementos más preocupantes del debate actual es que la normalización del cannabis no surge solo de la sociedad civil, sino también y de manera creciente de intereses económicos. El cannabis recreativo es un negocio multimillonario en Norteamérica, con cifras que superan los 30.000 millones de dólares anuales, que se está extendiendo a Europa. Cuando un mercado es tan rentable, el mensaje se vuelve inevitablemente «dulce»: «Es seguro», «Es natural», «Es terapéutico», «No pasa nada».

DEBE HABER LÍMITES Y EXIGENCIA MÁS ALLÁ DEL GIMNASIO

Los profesores tienen que exigir mucho a sus estudiantes para sacar lo mejor de ellos, por eso es necesario establecer normas y corregir los errores. En general, ni poner normas ni corregir errores está de moda en esta sociedad tan puesta a quedar bien, pero es muy necesario. En algunas áreas de la vida ha quedado de sobra demostrado que las campañas de sensibilización son muy buenas y hacen mucho bien, pero no son suficientes. Personalmente, he tenido que hacer el curso de recuperación de puntos y, de verdad, le estoy muy agradecido a la DGT. De hecho, lo que menos me gustó del curso es que la mayoría de los alumnos que asisten no paran de quejarse y de echar la culpa de su pérdida de puntos al gobierno, a la DGT o al profesor que lo imparte. Sin embargo, por suerte, desde pequeño siempre me inculcaron aquello de «máxima libertad, máxima responsabilidad», por lo que soy plenamente consciente de que tengo la libertad de equivocarme, pero debo ser siempre lo bastante responsable para asumir las consecuencias. Volviendo a la DGT, pienso que me han salvado la vida: gracias a sus sanciones he aprendido y estoy convencido de que han contribuido a mejorar la conducta de toda mi generación. Sus campañas, y sobre todo los límites y castigos que han establecido, han hecho que hoy la mayoría de los ciudadanos conduzcamos con más cuidado.

Me entristece que en muchos centros educativos estén rebajando la exigencia académica, pero aún más que estén eximiendo a los estudiantes de las consecuencias de sus acciones. ¡El que no estudie debe suspender! La materia en concreto da igual, lo importante es inculcar a las personas desde la infancia que sus acciones tienen consecuencias. Hemos conseguido reducir el número de muertes en carretera gracias en gran medida a la norma del carnet por puntos, a los radares y a las multas. Muchos jóvenes hoy en día tienen problemas para manejar la frustración porque no se han tenido que enfrentar a ella. Yo recuerdo lo frustrante que me resultaba perderme un recreo por haber hablado en clase, por no haberme terminado la comida en el comedor o por haber infringido alguna pequeña norma.

Es una pena que los castigos estén tan poco de moda. El castigo está demonizado y, sin embargo, es muy necesario. Pero, por supuesto, siempre con cariño y deseo de ayudar. La exigencia debe estar acompañada de cariño, refuerzo positivo y empatía. Si un profesor o un jefe solo aprieta a sus empleados, se convertirá en un dictador. Sin embargo, si un jefe exige pero a la vez es cariñoso, felicita cuando se logran los objetivos, muestra interés sincero por sus trabajadores y es sensible a las necesidades ajenas, se convertirá en un líder. Será como un padre o una madre para sus empleados, porque la autoridad es necesaria, pero siempre con las dos caras de la moneda.

EMPATÍA, UN TÉRMINO DEMASIADO MANIDO

El término *empatía* ha estado demasiado de moda en los últimos años, tanto que se ha desvirtuado. Originalmente la empatía hacía referencia a una cualidad importante en las relaciones humanas que favorecía la comprensión interpersonal. Sin embargo, la popularidad de este vocablo ha hecho que se emplee de manera superficial y equivocada. Hoy en día, con frecuencia las personas dicen que están siendo empáticas para justificar acciones incorrectas o para evitar enfrentarse a las consecuencias de sus decisiones. Por ejemplo, alguien podría recurrir a la empatía interesadamente argumentando que no se le debe responsabilizar de sus errores debido a sus circunstancias personales difíciles. Esto puede ser problemático porque distorsiona el propósito genuino de la empatía.

La empatía se refiere a la capacidad de ponerse en el lugar de otra persona y comprender sus emociones, pensamientos y motivaciones. La empatía implica una conexión emocional y cognitiva con la otra persona, pero no supone estar de acuerdo con las acciones o decisiones que haya tomado. Puedes ser empático con alguien sin respaldar o justificar lo que hizo. Se trata de ir más allá de las palabras y entender lo que le está pasando internamente, aunque no lo haya expresado de forma abierta. Sin embargo, la justificación pretende encontrar razones o argumentos para respaldar o excusar una acción, incluso si es incorrecta o inapropiada. Además, la empatía es esencial para fomentar la comprensión mutua en situaciones de conflicto o desacuerdo. Al ser capaces de ponernos en el lugar de la otra persona, podemos ver las razones detrás de sus acciones o posturas, incluso si no estamos de acuerdo con ellas.

A continuación, enumero algunas pautas para evitar la instrumentalización de la empatía:

1. **Reconoce las emociones, pero evalúa las acciones.** Comprender las emociones de alguien no implica respaldar o justificar sus acciones.

2. **Establece límites claros.** Si alguien intenta usar la empatía como una manera de evitar las consecuencias, recuerda que las normas y responsabilidades siguen siendo relevantes.

3. **Evita ceder a la manipulación.** Si sospechas que alguien está utilizando la empatía para evitar las consecuencias, mantén tu posición y no cedas ante la presión emocional. Recuerda que la empatía no equivale a excusar comportamientos inapropiados.

4. **Fomenta la comunicación abierta y sincera.** Anima a las personas a expresar sus sentimientos y preocupaciones, pero asegúrate de que comprendan que las consecuencias de sus acciones también deben ser abordadas.

5. **Promueve la responsabilidad personal.** Reconocer las emociones y comprender las circunstancias no debe eximir a nadie de asumir la responsabilidad de sus acciones.

6. **Evalúa la integridad de la empatía.** Antes de ceder a las solicitudes que involucran empatía, reflexiona sobre la autenticidad de las intenciones detrás de la solicitud. ¿La empatía es genuina o está siendo utilizada para un propósito específico?

7. **Aplica tus principios y valores.** Evita hacer excepciones basadas en emociones y asegúrate de que las decisiones que tomas estén alineadas con lo que consideras justo y apropiado.

8. **Aprende a decir «no».** Puedes ser comprensivo con las solicitudes de otros, pero también debes ser consciente de tus propias limitaciones y prioridades.

9. **Ofrece apoyo constructivo.** Si alguien se enfrenta a dificultades, muestra empatía al escuchar y comprender sus desafíos, pero también ofrece apoyo constructivo para ayudarle a superar los obstáculos y asumir la responsabilidad.

Para desarrollar una empatía genuina es fundamental escuchar sin intentar «arreglar las cosas», mostrando un interés sincero y reconociendo nuestros propios límites. La mayor parte de las veces que una persona nos comparte su sufrimiento, lo que necesita es sentirse escuchada y comprendida. No busca una «solución mágica» a sus problemas o preocupaciones, por lo que debemos evitar saltar rápidamente a dar consejos o soluciones. Por otro lado, la autenticidad en la empatía proviene de un interés genuino en la otra persona y sus experiencias. No finjas interés; en su lugar, desarrolla un deseo real de comprender y, en aquellas situaciones en las que no puedas entender completamente cómo se siente alguien, en lugar de fingir empatía, reconoce tu falta de comprensión y muestra disposición para aprender.[*]

---

[*] Puedes encontrar más información sobre el tema en Álvarez de Mon, M. Á. (2023). «Hay un exceso de empatía porque se está utilizando de manera equivocada», *Telva*, <https://www.telva.com/bienestar/2023/09/10/64fb16aa01a2f182848b45c2.html#>.

LOS LÍMITES: UNA HERRAMIENTA NECESARIA PARA FORJAR EL CARÁCTER

En la búsqueda de la felicidad y el bienestar, muchas personas se enfocan en cambiar su entorno externo, buscando satisfacción en cosas materiales, relaciones superficiales o logros externos. Sin embargo, el verdadero camino hacia el bienestar psicológico y la felicidad está en forjar el carácter. El carácter se refiere a las características internas de una persona que influyen en su comportamiento, decisiones y emociones. Al desarrollar y fortalecer nuestro carácter, podemos cultivar cualidades como la resiliencia, el optimismo, la gratitud, la empatía y la autodisciplina, lo que nos permite enfrentar los desafíos de la vida con mayor eficacia y gozar de una vida más satisfactoria.

En este campo, me encanta leer las investigaciones de Carol Ryff, directora del Instituto sobre el Envejecimiento y catedrática de Psicología en la Universidad de Wisconsin-Madison, sin duda una de las psicólogas más influyentes en el campo del bienestar psicológico. Desde su perspectiva, el bienestar no es simplemente la ausencia de enfermedad, sino que se trata de un estado de desarrollo humano óptimo. Ryff ha investigado durante décadas las características que definen el bienestar psicológico, y ha descubierto que la aceptación de uno mismo, la autonomía, el crecimiento personal, el compromiso, las relaciones positivas y el dominio del entorno son dimensiones clave de la salud mental. Su investigación ha sido fundamental para entender el papel que desempeña el bienestar psicológico en la calidad de vida de las personas, y sus estudios han sido publicados en las principales revistas científicas del campo de la psicología.

Para lograr el bienestar psicológico, es fundamental forjar adecuadamente el carácter, lo cual exige paciencia —una virtud que, como ya hemos comentado, cada vez está menos de moda—, además de dedicación y esfuerzo. Para comenzar:

1. **Practicar la gratitud.** Ser agradecidos por todas las cosas buenas que ocurren en la vida ayuda a experimentar una mayor sensación de felicidad y satisfacción con la vida. Si practicamos una actitud de gratitud, nos daremos cuenta de que hay cientos de momentos placenteros a lo largo del día que podemos disfrutar, y que habitualmente nos pasan desapercibidos. Por ejemplo, cuando suena el despertador por la mañana nos podemos sentir desafortunados por tener que madrugar. Sin embargo, el que se pone el despertador es porque tiene cosas que hacer. Es decir, tiene motivos por los que estar agradecido: tiene hijos a los que preparar para ir al cole, un trabajo al que acudir, etc. ¡A cuánta gente le encantaría poder preparar a sus hijos para ir al cole y, en cambio, en ocasiones los padres o madres que lo hacen se quejan de ello! Es decir, la gratitud ayuda a enfocarse en lo positivo y a desarrollar una actitud más positiva hacia la vida en general.

2. **Desarrollar la resiliencia.** La vida está llena de altibajos y enfrentar los desafíos puede ser difícil. Sin embargo, la resiliencia nos ayuda a encontrar la fuerza, el optimismo y la motivación necesarios para enfrentarnos a esos desafíos. Obviamente, eso implica estar dispuestos a aceptar los errores (propios y ajenos), las dificultades y los pequeños tropiezos como oportunidades para aprender y crecer, en lugar de verlos como fracasos. Al hacerlo, se adopta una perspectiva de crecimiento y aprendizaje que contribuye a construir una mentalidad más resiliente, lo que sin duda favorece un mayor bienestar psicológico.

3. **Practicar la autodisciplina.** Esto es la capacidad de controlar nuestras acciones, pensamientos y emociones, y nos ayuda a mejorar la autoestima y la confianza en

nosotros mismos, así como a tomar decisiones más conscientes.

4. **Establecer objetivos.** Tener objetivos claros y alcanzables puede ayudar a desarrollar la perseverancia y disciplina necesarias para lograrlos. Establecer metas también ayuda a enfocarse en lo que es importante y a tomar medidas concretas para lograr lo que uno desea. Priorizar es fundamental, pues no hay tiempo para todo. Al establecer metas es esencial ser realista y considerar las limitaciones personales y las circunstancias externas. Por ejemplo, si se quiere aprender un nuevo idioma, se puede comenzar por dedicar unos minutos al día a la práctica, en lugar de intentar dominarlo de manera inmediata.

5. **Fomentar las relaciones positivas.** Las relaciones saludables son importantes para la felicidad y el bienestar. Fomentar las relaciones familiares, sociales o laborales ayuda a desarrollar la empatía, la compasión y la capacidad de comunicación. Dos virtudes muy importantes para lograr establecer relaciones fuertes y duraderas son la autenticidad y saber perdonar (necesario para liberarse de resentimientos). La autenticidad ayuda a generar relaciones más genuinas y significativas.

Por último, y quizá más importante, **cultivar la paciencia**. La paciencia es una virtud clave para desarrollar la tolerancia y la comprensión con uno mismo (¡que también es importante!) y con los demás.

En resumen, forjar el carácter implica cultivar una variedad de cualidades y virtudes que son importantes para lograr una vida plena y satisfactoria. Es muy recomendable buscarse un modelo a seguir que nos sirva de referente; se puede aprender mucho de cómo una persona maneja los desafíos de su vida o cómo se relaciona con los demás. Personalmente, me gusta mucho leer biografías de personajes que me pueden servir de modelo.*

FRUSTRACIÓN: LA INTOLERANCIA DEL SIGLO XXI

Un día, por curiosidad, le pregunté a ChatGPT cuál es la intolerancia más frecuente en la actualidad, y me respondió que a la lactosa. Pero no, la intolerancia más frecuente de hoy en día es a la frustración, y nuestra cultura la está promoviendo a muchos niveles. En el ámbito de la educación, los profesores cada vez están más desprotegidos si quieren suspender a un estudiante, pues las leyes protegen a los estudiantes de suspender o repetir curso; mejor dicho, sobreprotegen. Muchos padres tratan de «defender» los intereses de sus hijos presionando a su profesor para que le apruebe, todo con tal de ahorrarle un disgusto o una frustración al niño. Pero lo cierto es que la vida adulta está llena de frustraciones, y para tolerar la frustración hay que entrenarse. Sin entrenamiento no habrá victoria.

Hasta ahora un ámbito fantástico a nivel escolar para entrenar la frustración era el deporte o el ámbito académico. Pero ahí también estamos sobreprotegiendo a los niños. En el ámbito deportivo cada vez son más las voces que proponen que los niños hagan deporte, pero «sin competir», lo cual va contra la esencia misma del deporte. Cada vez más padres toleran peor que sus hijos pierdan en un partido o una competición deportiva. Pero lo cierto es que, si les quitamos la oportunidad de perder o de caerse, en realidad

---

* Puedes encontrar más información sobre el tema en Álvarez de Mon, M. Á. (2023), «Nuestro carácter afecta a nuestro bienestar más de lo que creemos, nos lo explica un psiquiatra», *Telva*, <https://www.telva.com/bienestar/psicologia/2023/04/16/6437db3d02136e1e788b4637.html>.

les estamos quitando la oportunidad de aprender. Cuánta gente conocemos a nuestro alrededor a la que un golpe en la vida le sirvió para espabilar, a la que el amargo sabor de la frustración le sirvió de estímulo. A mí, en este sentido, me ha ayudado mucho la investigación. Lo ideal cuando se hace un trabajo de investigación serio es tratar de publicarlo en una revista científica, y cuanto más prestigio tenga la revista, mejor. Esto se mide básicamente por el factor de impacto, de tal manera que, a mayor factor de impacto, más prestigio tiene la revista. Recuerdo que, cuando terminé el primer trabajo de mi tesis, mi director me insistió en que primero debía tratar de publicar el artículo en revistas con mucho factor de impacto, aunque fueran más exigentes, y después ir bajando a otras hasta que alguna revista nos aceptase el artículo. Este proceso puede llegar a ser muy largo y tedioso, pero es el camino que hay que recorrer si se quiere publicar en revistas científicas de alto impacto. Pues bien, tras intentarlo en dos o tres revistas y recibir sendos rechazos, me frustré bastante y me dejé llevar por el deseo de publicarlo cuanto antes, aunque eso supusiera hacerlo en una revista de menor impacto. Pero mi director de tesis no me lo permitió; me dijo que tenía que seguir intentándolo en revistas con un factor de impacto alto. Mi reacción inicial fue de enfado, y tuvimos el típico calentón director-doctorando en el que perdí ligeramente los papeles. Pero, por fin, tras pedirle disculpas y agachar la cabeza, decidí seguir su recomendación y envié el artículo a la revista que me propuso, a pesar de que al tener un alto factor de impacto era muy probable que lo rechazaran. Pues bien, meses después, para mi sorpresa, recibimos una contestación favorable de los revisores: nos pidieron hacer muchos cambios, corregir algunos errores y darles muchas explicaciones de cómo habíamos hecho los análisis, pero finalmente nos lo aceptaron. Fue una grandísima alegría y la verdad es que estoy muy orgulloso de haber publicado mi primer artículo científico en *Journal of Medical*

Internet Research, una revista que está dentro del 10 % mejor de su categoría. Aun así, la mayor enseñanza que me llevé fue la de aprender a tolerar la frustración. Evidentemente, sigo teniendo dificultades, pero no hay otra manera de aprender a gestionar la frustración que exponiéndose a ella. No debemos sobreproteger a nadie, ni a los hijos ni a los estudiantes, a nadie que no lo necesite. Si les quitamos la oportunidad de aprender, los debilitaremos mucho a nivel mental.

¿POR QUÉ ES IMPORTANTE TRABAJAR LA TOLERANCIA A LA FRUSTRACIÓN PARA MEJORAR LA SALUD MENTAL?

La vida no funciona a golpe de gratificación inmediata. No todo llega cuando queremos, ni con la intensidad que deseamos ni al ritmo que nos gustaría. Hay esperas, obstáculos, errores, fracasos y decepciones. Esto no es un fallo del sistema, es el sistema. Sin embargo, vivimos en una cultura que tolera cada vez peor esta realidad. Queremos alivio rápido, respuestas inmediatas, soluciones instantáneas; cuando algo se retrasa o no ocurre como esperábamos, lo vivimos como una agresión más que como una experiencia.

En este contexto, una de las habilidades psicológicas más importantes —y paradójicamente más erosionadas— es la *tolerancia a la frustración*: la capacidad de soportar el malestar, la espera y el contratiempo sin reaccionar de forma impulsiva, desproporcionada o autodestructiva. Esta capacidad está relacionada de forma íntima con la paciencia, entendida no como resignación pasiva, sino como fortaleza interna y regulación emocional. Desde el punto de vista de la salud mental, la tolerancia a la frustración cumple una función protectora esencial. Las personas que la han desarrollado manejan mejor el estrés cotidiano, se desorganizan menos ante los imprevistos y presentan menor tendencia a la impulsividad. Esto se traduce en menos ansiedad, irritabilidad o conductas de escape rápido —como el consumo de sustancias, el uso compulsivo del móvil o la evitación emocional— y una mayor sensación de control interno. No es que sufran menos, es que saben sufrir mejor.

Cuando una persona tolera mal la frustración, el sistema nervioso entra rápidamente en modo amenaza. El obstáculo se vive como intolerable; la espera, como injusta; el error, como un ataque a la autoestima. En ese estado, el cerebro busca salidas rápidas: distraerse, huir, anestesiar, culpar. A corto plazo puede aliviar, pero a medio y largo plazo debilita. Se aprende, sin darse cuenta, que uno «no puede» con el malestar, y ese aprendizaje es muy dañino para la salud mental.

Desde la psicología contemporánea sabemos que la regulación emocional no consiste en eliminar las emociones desagradables, sino en modular su intensidad y duración. La tolerancia a la frustración permite precisamente eso, sentir enfado, tristeza o decepción sin que estas emociones gobiernen la conducta. Las personas pacientes no son menos sensibles, sino más estables. Esta estabilidad reduce la ansiedad, porque el mensaje interno cambia de «esto no lo aguanto» a «esto es incómodo, pero puedo manejarlo».

La evidencia científica que respalda esta idea es sólida. Uno de los estudios más influyentes para entender la importancia de la tolerancia a la frustración es el Estudio Longitudinal de Dunedin, iniciado en 1972-1973 precisamente en la ciudad de Dunedin, en Nueva Zelanda, y coordinado por la Universidad de Otago. Este estudio ha seguido de manera ininterrumpida a 1.037 personas desde su nacimiento hasta la edad adulta media, con una tasa de seguimiento superior al 90 %, algo excepcional en investigaciones de esta duración. A lo largo de décadas, los participantes han sido evaluados en múltiples dimensiones: autocontrol, regulación emocional, impulsividad, respuesta a la frustración, salud mental, consumo de sustancias, relaciones de pareja, situación laboral e incluso envejecimiento cerebral.

Uno de los hallazgos más consistentes del estudio es que el nivel de autocontrol y tolerancia a la frustración en la infancia predice de forma robusta la salud mental y el funcionamiento global en la vida adulta. Los niños que eran más capaces de esperar, de regular sus impulsos y de tolerar el malestar mostraron décadas después menos trastornos psiquiátricos, menos problemas de adicciones, mayor estabilidad vital y relaciones interpersonales más satisfactorias. Lo más relevante es que estos efectos se mantenían incluso ajustando por nivel intelectual y contexto socioeconómico. No estamos ante una virtud moral ni una simple cualidad de carácter, sino ante un auténtico factor de protección psicológica.

Esta idea conecta muy bien con otro concepto clave desarrollado en los últimos años: el *grit*, propuesto por la psicóloga Angela Duckworth, profesora de la Universidad de Pensilvania. El *grit* se define como la combinación de perseverancia y compromiso con objetivos a largo plazo. No implica ausencia de frustración, sino capacidad de seguir adelante a pesar de ella. En la vida cotidiana, el *grit* se manifiesta cuando una persona continúa esforzándose aunque los resultados tarden en llegar, cuando no abandona una meta valiosa solo porque el camino se ha vuelto incómodo. El *grit* es tolerancia a la frustración aplicada a la vida real. Las personas con *grit* no interpretan el esfuerzo como una señal de fracaso, sino como parte inevitable del proceso. Esto tiene un impacto enorme en la salud mental: reduce la impulsividad, aumenta el sentido vital y protege frente al abandono prematuro de proyectos, relaciones o trayectorias personales valiosas.

Pero es importante detenernos en una idea que a menudo olvidamos: la vida de las personas que consideramos «exitosas» también está llena de fracasos. No existe una biografía limpia ni una trayectoria sin tormentas. Lo que diferencia a unas personas de otras no es la ausencia de dificultades, sino la capacidad de atravesarlas sin perder el rumbo.

En este sentido, permíteme una historia personal. Luka Modrić es uno de mis jugadores favoritos, no solo por su fútbol, sino por lo que representa. En 2012, cuando llegó al Real Madrid, muchos medios de comunicación lo calificaron como «el peor fichaje del año». Las críticas fueron durísimas, se dudaba de su físico, de su encaje, su nivel. Hoy resulta casi absurdo recordarlo, pero en aquel momento fue real. Muy real. Sin embargo, Modrić no reaccionó con ruido, ni con victimismo ni con prisas. Hizo algo mucho más difícil, que es esperar, trabajar y sostener la frustración. Trece años después, en mayo de 2025, se despidió del Real Madrid como el jugador más laureado de la historia del club. Ha ganado seis Champions League, múltiples ligas y títulos internacionales, y en 2018 recibió el Balón de Oro, rompiendo la hegemonía de Messi y Cristiano Ronaldo. Tuve la suerte de estar en su despedida en el Santiago Bernabéu, que recuerdo como uno de los días más emocionantes que he vivido en ese estadio. Se me pone la piel de gallina mientras escribo estas líneas, porque reconozco que soy un fan declarado de Luka Modrić. Más allá de los títulos, me quedo con su forma de estar. En trece años en el Real Madrid no protagonizó un solo escándalo, fue modelo de discreción, trabajo, respeto al equipo y constancia. Su historia es un recordatorio perfecto de que el éxito no consiste en evitar la tormenta, sino en continuar con el viaje cuando esta llega.

Aunque el fútbol es un escaparate muy visible, historias como la de Modrić —en mayor o menor escala— están mucho más cerca de nosotros de lo que pensamos. Todos tenemos alrededor personas a las que consideramos «de éxito», un compañero de trabajo, un familiar, un amigo. Pero, si uno rasca un poco, descubrirá siempre lo mismo: fracasos previos, decisiones difíciles, momentos de duda, épocas de espera. La diferencia es que esas personas entendieron que la tormenta forma parte del trayecto. Esta idea es especialmente importante en las relaciones interpersonales. Convivir implica frustrarse, pues las personas no sienten igual ni al mismo ritmo. En una pareja, por ejemplo, es frecuente que uno se recupere emocionalmente antes que el otro tras una mala noticia o un conflicto. El que se recupera antes puede sentirse impaciente; el otro, incomprendido. Cuando la tolerancia a la frustración es baja, estas diferencias se convierten en reproches. Pero, cuando es alta, se convierten en comprensión del ritmo ajeno. En todos estos escenarios, la tolerancia a la frustración actúa como un pegamento invisible. No elimina el conflicto, pero evita que este destruya el vínculo. Permite sostener la incomodidad sin huir, atacar o anestesiarla, y eso, a largo plazo, protege tanto la salud mental individual como la calidad de nuestras relaciones.

Por último, no podemos olvidar que la vida incluye éxitos, pero también fracasos, y que nuestras expectativas no siempre se cumplen. Por eso es tan importante entrenar la tolerancia a la frustración desde edades tempranas. Sobreproteger del malestar puede aliviar a corto plazo, pero debilita a largo plazo. Un niño o un adolescente que aprende que puede soportar la frustración aprende, en realidad, que puede con la vida. La frustración no es el enemigo de la salud mental, el verdadero enemigo es no saber qué hacer cuando aparece. Aprender a tolerarla no nos vuelve fríos ni insensibles, sino firmes, estables y libres. Pocas habilidades son tan silenciosamente protectoras como esta.

Capítulo 6
MEJOR SÓLIDO QUE FLUIDO
La soledad no deseada

Hay personas que vienen a consulta no porque se sientan solas, sino porque intuyen que algo no termina de encajar. Recuerdo a una universitaria que atendí hace no mucho, que había venido a Madrid desde otra ciudad para estudiar la carrera. Era una chica normal, sociable, sin ninguna dificultad llamativa. No había querido ir a una residencia universitaria, pues le parecía demasiado estructurado, y además era más caro. Prefería algo más «independiente», por eso había alquilado una habitación en un piso compartido con otras tres estudiantes. La convivencia era correcta, educada, incluso agradable..., pero superficial. Cada una iba a lo suyo. Compartían gastos, se cruzaban en la cocina, se saludaban con cordialidad, pero nada más. En la facultad, poco a poco, se estaba formando un grupo. Se llevaban bien en clase, comentaban acerca de los trabajos que tenían que ir haciendo e incluso se pasaban apuntes si hacía falta. Pero fuera de la universidad apenas surgían planes. Cada uno tenía su vida, su agenda y su pantalla. Eso sí, por teléfono seguía muy conectada con sus amigas de siempre y con su familia, con los que hablaba casi a diario. Sin embargo, algo faltaba. No estaba deprimida ni especialmente ansiosa, simplemente se sentía sola. Una soledad extraña: rodeada de gente, pero sin sentir que pertenecía a algún sitio.

En otra ocasión, atendí a una abogada brillante. Trabajaba en un despacho de abogados muy conocido de Madrid, tenía una carrera profesional muy prometedora. Viajaba con frecuencia, lideraba a su equipo, tomaba decisiones importantes. Desde fuera, su vida era un éxito. Pero, cuando llegaba a casa por la noche, el silencio le pesaba. No se sentía cómoda quedando con su equipo los fines de semana: eran más jóvenes, la relación era jerárquica y sabía que a veces tenía que «apretar». No quería confundir los planos. Tenía muchos compañeros y contactos, pero pocos amigos. La intensidad de su vida laboral apenas le dejaba tiempo para quedar con las amistades de siempre. Echaba de menos tener pareja, pero tampoco tenía tiempo —ni energía— para construir una relación. Pensaba de vez en cuando en pasar más tiempo con sus padres, pero descartaba la idea casi de inmediato: le parecían «demasiado pesados», incapaces de entender su ritmo de vida. Sus padres, ambos profesores de instituto, no comprendían por qué su hija se estaba «complicando tanto la vida». Aun así, en medio de ese éxito, de esa independencia tan valorada socialmente, aparecía la misma sensación: le faltaba algo. Alguien a quien contarle las cosas sin filtros, una amiga, una pareja, un vínculo que no dependiera del rendimiento ni del currículum.

Estas historias no son excepcionales, sino que resultan cada vez más frecuentes. Y tienen algo en común: no hablan de aislamiento absoluto, sino de una desconexión más sutil y difícil de detectar. Personas funcionales, autónomas, aparentemente bien integradas, que sin embargo experimentan una soledad silenciosa, cotidiana, que se cuela en los huecos del día. No es una soledad buscada ni elegida, sino una soledad no deseada. El estilo de vida actual, con su marcado énfasis en el individualismo y la búsqueda de la autonomía personal, está contribuyendo de forma clara al aumento de la soledad y del aislamiento social. Vivimos en una cultura que valora enormemente la autosuficiencia, la independencia y la capacidad de «poder con todo», lo que ha llevado a muchas personas a priorizar metas individuales por encima de las relaciones comunitarias o familiares. Vivir solos, algo que hace apenas unas décadas era una excepción o una etapa transitoria, se ha convertido en una situación habitual, especialmente en las grandes ciudades. En España, el número de hogares unipersonales ha aumentado de forma muy significativa: en 1990 representaban el 10,8 % del total, mientras que en 2020 alcanzaron el 26,1 %. Este dato no es solo una estadística demográfica, refleja un cambio profundo en nuestra manera de vivir y de relacionarnos.

Este fenómeno se ve reforzado por otro cambio social de gran calado: cada vez tenemos menos hijos y los tenemos más tarde. Esto reduce de manera directa las oportunidades de interacción dentro del núcleo familiar y modifica la estructura de apoyo a lo largo de la vida. En España, la tasa de natalidad ha descendido hasta cifras históricamente bajas: en 2023 se registraron solo 322.075 nacimientos, la cifra más baja desde 1941. Además, se ha ido extendiendo la percepción de que tener hijos supone una renuncia a la independencia personal, un sacrificio incompatible con una vida centrada en el desarrollo individual. Este cambio de valores, que no es trivial, desplaza el foco de lo colectivo a lo individual, con consecuencias que apenas empezamos a comprender del todo.

Las relaciones de pareja tampoco han salido indemnes de este contexto. Son, en promedio, menos estables y el compromiso a largo plazo se enfrenta a mayores desafíos. Esto deja a muchas personas con vínculos más frágiles, más provisionales, más fácilmente reemplazables. A ello se suma el auge de la tecnología y de la hiperconexión digital. Paradójicamente, nunca ha sido tan fácil comunicarse y nunca ha sido tan difícil sentirse acompañado. Las pantallas facilitan el contacto, pero con demasiada frecuencia sustituyen las interacciones cara a cara, que son lo que en verdad sostiene el sentido de pertenencia y de comunidad. El estilo de vida actual ofrece muchas ventajas –comodidad, libertad, opciones–, pero también plantea retos importantes para la salud social y emocional. La soledad, en gran medida, parece ser una consecuencia indirecta de estos cambios culturales.

CUANDO LA SOLEDAD ENTRA EN LA AGENDA POLÍTICA

En 2023, el cirujano general de los Estados Unidos publicó un informe monográfico alertando sobre la crisis de soledad y aislamiento social. El cirujano general es el principal portavoz del gobierno estadounidense en materia de salud pública, encargado de asesorar tanto a la población como a los líderes políticos sobre las grandes prioridades sanitarias del país, actuando como puente entre la evidencia científica y las políticas públicas. El actual cirujano general, el doctor Vivek Murthy —designado inicialmente por el presidente Barack Obama y posteriormente por el presidente Joe Biden—, es un médico formado en Harvard y Yale que ha abordado retos complejos como la epidemia de opioides, la desinformación médica y, más recientemente, la soledad como amenaza para la salud pública.

Pero Estados Unidos no ha sido el primer país en tomarse en serio este problema. En enero de 2018 y bajo el liderazgo de la primera ministra Theresa May, el Reino Unido creó una Secretaría de Estado específica para abordar la soledad, un fenómeno que afectaba entonces a unos nueve millones de británicos. Posteriormente, otros países siguieron el mismo camino. En 2021, Japón creó un Ministerio de la Soledad en respuesta al aumento de suicidios y al creciente aislamiento social. En España, aunque no existe un ministerio específico, se han puesto en marcha diversas iniciativas a nivel nacional y autonómico, como la creación del Observatorio Estatal de la Soledad No Deseada. Todas estas acciones reflejan una conciencia creciente y compartida: la soledad ya no es solo un problema individual, sino un auténtico desafío de salud pública que requiere respuestas estructuradas y coordinadas.

LAS LECCIONES DEL DOCTOR MURTHY

La desconexión social no es un fenómeno nuevo, pero su impacto se ha intensificado de forma notable en las últimas décadas. Según el informe del cirujano general, los estadounidenses pasan hoy mucho menos tiempo socializando que hace veinte años. La reducción de los matrimonios, el descenso de la participación en comunidades religiosas y asociaciones vecinales, así como el aumento del tiempo dedicado a dispositivos digitales han ido erosionando las interacciones cara a cara, uno de los pilares fundamentales del bienestar humano.

Uno de los hallazgos más preocupantes del informe es el impacto de esta desconexión en los jóvenes. Aunque las plataformas digitales ofrecen oportunidades de contacto, también pueden intensificar la sensación de soledad. Las redes sociales y los videojuegos pueden ocupar muchas horas del día, pero rara vez proporcionan el mismo nivel de apoyo emocional y de pertenencia que las relaciones presenciales. El informe subraya que muchos jóvenes crecen hoy en día en un entorno digitalmente saturado, pero relacionalmente pobre, con pocas amistades profundas y escasas relaciones sociales sólidas, algo esencial para su desarrollo emocional. En este contexto, recuperar espacios de juego libre y de interacción espontánea se plantea como una herramienta clave para fomentar habilidades sociales y la capacidad de resolver problemas en equipo.

Las personas mayores, por su parte, se enfrentan a desafíos distintos, pero igualmente relevantes. A medida que los hogares multigeneracionales desaparecen, muchos mayores quedan aislados, perdiendo el contacto cotidiano con hijos y nietos. Este aislamiento no solo deteriora su bienestar emocional, sino que se asocia a un mayor riesgo de problemas de salud física, como enfermedades cardiovasculares y demencia.

La desconexión social, por tanto, no es solo una experiencia emocional desagradable; es una amenaza directa para la salud pública. Numerosos estudios muestran que la soledad se asocia con mayores tasas de depresión, ansiedad, hipertensión y enfermedades cardiovasculares. Además, el aislamiento social se ha vinculado con un aumento de la mortalidad comparable al de factores de riesgo clásicos como el tabaquismo o la obesidad. Dicho de forma clara: el aislamiento social es tan perjudicial para la salud como fumar quince cigarrillos al día.

A pesar de la gravedad del diagnóstico, el informe transmite también un mensaje de esperanza. Reconoce que la soledad y el aislamiento son problemas complejos, pero insiste en que no son inevitables. Promover comunidades cohesionadas, facilitar la participación social y priorizar la conexión humana puede cambiar la trayectoria actual y contribuir a una sociedad más saludable y resiliente. Este informe es, en el fondo, una llamada urgente a repensar cómo vivimos y cómo nos relacionamos. La soledad no es un destino, es un problema abordable. Construir una cultura de conexión no solo mejora la vida de los individuos, sino que fortalece el tejido social en su conjunto.

DISTINGUIR ENTRE SOLEDAD Y AISLAMIENTO SOCIAL

Desde el punto de vista científico, es fundamental diferenciar dos conceptos que a menudo se utilizan como sinónimos, pero que no lo son. Un estudio reciente liderado por un equipo internacional

—con investigadores de las universidades de Harvard y de British Columbia— ha analizado cómo la soledad y el aislamiento social afectan de manera distinta a la salud y al bienestar en adultos mayores. Este trabajo, basado en datos longitudinales de más de 13.000 participantes del Health and Retirement Study, explora las consecuencias a largo plazo de ambas experiencias en una amplia gama de resultados físicos, psicológicos y conductuales. La investigación distingue entre la soledad, entendida como la percepción subjetiva de desconexión social, y el aislamiento social, definido como la ausencia objetiva de interacciones sociales significativas. Los resultados son muy reveladores. El aislamiento social se asoció de forma más intensa con el riesgo de mortalidad, con un aumento del 74% en comparación con las personas con bajos niveles de aislamiento. La soledad, en cambio, mostró un impacto más marcado sobre el bienestar psicológico, al afectar a variables como la satisfacción vital y el optimismo. Ambas condiciones se vincularon con un mayor riesgo de problemas de salud física —enfermedades cardiovasculares, dolor crónico, limitaciones funcionales—, pero la soledad tuvo un impacto especialmente potente en los indicadores de salud mental. Las personas con mayor soledad presentaron niveles significativamente más altos de depresión y desesperanza; de hecho, llegaron a mostrar tres veces más síntomas depresivos que aquellas con bajos niveles de soledad.

La literatura científica es consistente en este punto. Este mismo grupo de investigadores publicó otro estudio en el que analizaron cómo la conexión social influye en la salud mental, centrándose en diagnósticos clínicos de depresión y ansiedad. Utilizando datos longitudinales de empleados de una gran empresa estadounidense, combinados con registros médicos y modelos estadísticos avanzados que controlaban múltiples factores de confusión, observaron que mayores niveles de conexión social se asociaban con una reducción del 27% en el riesgo de depresión y del 18% en el riesgo de ansiedad a lo largo de un año. Por el contrario, la soledad incrementaba de forma relevante el riesgo de depresión (32 %) y ansiedad (21 %). Estos hallazgos refuerzan una idea clave: el aislamiento social no es solo una circunstancia vital incómoda, sino un factor de riesgo relevante para la salud mental.

EL EFECTO ROSETO: EL PODER DE LA COHESIÓN SOCIAL EN LA SALUD

A veces, la ciencia avanza no porque encontremos algo nuevo, sino porque algo viejo deja de encajar. Eso fue exactamente lo que ocurrió en los años sesenta en un pequeño pueblo llamado Roseto, en Pensilvania. Un lugar aparentemente anodino que, de pronto, se convirtió en el centro de una de las observaciones más fascinantes sobre la relación entre la vida social y la salud. Roseto había sido fundado en 1882 por inmigrantes italianos. No era un pueblo rico ni especialmente moderno. Sus habitantes fumaban, comían de forma similar a la de otros pueblos cercanos y no tenían mejor acceso a la sanidad. Sin embargo, ocurría algo llamativo: las tasas de infarto de miocardio y de mortalidad eran extraordinariamente bajas en comparación con comunidades vecinas como Bangor o Nazareth, que compartían los mismos recursos médicos y condiciones ambientales. Aquello no encajaba con las explicaciones médicas tradicionales. Intrigados por este fenómeno, varios investigadores liderados por el doctor Stewart Wolf comenzaron a estudiar el caso con más detalle. Analizaron uno a uno los factores de riesgo clásicos: dieta, tabaquismo, obesidad, actividad física..., pero nada explicaba la diferencia. Roseto no era un paraíso saludable. Entonces, ¿qué estaba pasando?

La respuesta no estaba en los análisis de sangre ni en los hábitos individuales, sino en algo mucho más difícil de medir: la estructura social. Roseto era una comunidad extraordinariamente cohesionada. Familias de tres generaciones vivían juntas o muy cerca unas de otras. Existían un fuerte compromiso comunitario, una vida social intensa, redes de apoyo sólidas y una notable ausencia de ostentación. El estatus social no se medía por el dinero ni por el éxito individual, sino por la pertenencia al grupo. La hipótesis empezó a tomar forma: no era solo lo que comían o cuánto fumaban, sino cómo vivían juntos. La cohesión social y el apoyo comunitario parecían estar protegiendo a sus habitantes frente a la enfermedad cardiovascular.

Pero esta historia tiene una segunda parte, igual de reveladora. Con el paso del tiempo, los cambios culturales y sociales comenzaron a erosionar esa cohesión. A partir de los años sesenta, Roseto empezó a «americanizarse». Las familias extensas fueron sustituidas por familias nucleares, aumentó el materialismo y se diluyó progresivamente la vida comunitaria. De forma paralela —y esto es clave—, las tasas de infarto de miocardio comenzaron a aumentar, hasta igualarse con las de las comunidades vecinas en la década de 1970. El experimento natural se cerraba solo: cuando la cohesión social desapareció, también lo hizo su efecto protector sobre la salud.

El efecto Roseto nos deja una lección poderosa y, a la vez, incómoda. Los lazos sociales fuertes pueden ser tan importantes para la salud como la dieta o el ejercicio. En un mundo cada vez más marcado por el aislamiento, la prisa y la autosuficiencia, esta historia nos recuerda que la salud no es solo un fenómeno biológico. Se apoya también en el sentido de pertenencia, en el apoyo mutuo y en saber que uno forma parte de algo más grande. Familias, amistades y comunidades actúan como auténticos refugios frente a los desafíos de la vida.

EL PODER DE LAS RELACIONES FAMILIARES EN LA SALUD MENTAL

Para la mayoría de las personas, la familia es la primera red de apoyo. Mucho antes de tener amigos, pareja o compañeros de trabajo, aprendemos a relacionarnos en casa. Desde la infancia hasta la vejez, la familia puede convertirse en un refugio emocional... o, en algunos casos, en una fuente de conflicto. La ciencia lleva años intentando responder a una pregunta clave: ¿qué impacto real tienen las relaciones familiares en nuestra salud mental a largo plazo?

Un estudio longitudinal publicado en *JAMA Pediatrics* ofrece una respuesta especialmente sólida. Este trabajo analizó a más de dieciocho mil personas, seguidas desde la adolescencia hasta la mediana edad. Los investigadores, liderados por Ping Chen y Kathleen Mullan Harris, de la Universidad de Carolina del Norte, se centraron en dos variables fundamentales: el grado de cohesión familiar y el nivel de conflictividad entre padres e hijos. Los resultados fueron muy claros: los adolescentes que crecieron en familias cohesionadas y con bajo nivel de conflicto presentaron significativamente menos síntomas depresivos desde los doce hasta los cuarenta años. Pero no se trataba de un efecto puntual ni pasajero, el beneficio se mantenía durante décadas, aunque se atenuara un poco con el tiempo. En otras palabras, el impacto positivo de una familia unida no es efímero, acompaña a las personas a lo largo de gran parte de su vida. Lo más interesante es que este efecto no se limita a la adolescencia, una etapa especialmente vulnerable desde el punto de vista emocional. También se observa durante la transición a la adultez temprana y en la mediana edad. Las relaciones familiares positivas parecen funcionar como una auténtica red de seguridad emocional, proporcionando herramientas para afrontar problemas laborales, tensiones de pareja o crisis vitales. Es llamativo, además, que los beneficios fueran ligeramente mayores en mujeres durante la adolescencia, aunque esta diferencia se equilibraba entre hombres y mujeres en la adultez temprana.

Invertir en cohesión familiar, por tanto, no es una cuestión sentimental: es una inversión en salud mental a largo plazo. La cohesión familiar fomenta el sentido de apoyo y pertenencia, creando un entorno donde los más jóvenes pueden expresar emociones, equivocarse y desarrollar habilidades de afrontamiento. Este apoyo no solo reduce el riesgo de depresión, sino que fortalece la resiliencia frente a los retos de la vida adulta, como la presión laboral, las relaciones románticas o la formación de una nueva familia. En una sociedad en que las conexiones interpersonales se diluyen con facilidad por el ritmo frenético de la vida moderna, conviene recordar algo esencial: quizá no podamos controlar todas las circunstancias externas, pero sí podemos cuidar nuestras relaciones más cercanas y convertirlas en una fuente estable de fortaleza.

El tiempo compartido en familia, especialmente en actividades de ocio, juega aquí un papel clave. Un estudio reciente muestra que este tipo de espacios favorecen el desarrollo socioemocional de los adolescentes. Como hemos comentado en capítulos previos, la frustración asociada a desafíos manejables y constructivos no es algo que deba evitarse, sino una oportunidad para desarrollar resiliencia y autorregulación emocional. En el contexto del ocio familiar, la frustración se transforma en aprendizaje: la familia ofrece un entorno seguro donde enfrentarse a dificultades, superarlas y reforzar el sentido de competencia y autonomía.

No solo los niños se benefician de esto. En la edad adulta, la familia de origen sigue siendo igual de necesaria. A mí, como a muchos de vosotros, mis padres y mis hermanos me siguen sacando de mil apuros. A veces no con grandes consejos, sino simplemente estando ahí. Y eso, como veremos más adelante, tiene un valor enorme para la salud mental.

EL MATRIMONIO COMO MOTOR DE BIENESTAR

El matrimonio, cuando es estable y saludable, es una de las relaciones más poderosas para promover el bienestar. Un estudio publicado en 2023 en la revista *Global Epidemiology*, dirigido por investigadores de la Universidad de Harvard y Stanford, analizó cómo los cambios en el estado civil durante la adultez temprana influyen en la salud física, mental y social de las mujeres a lo largo de su vida. Utilizando datos de más de 80.000 enfermeras estadounidenses del Nurses' Health Study II, el análisis exploró los efectos del matrimonio y las transiciones hacia el divorcio o la separación, aportando luz sobre el impacto de estas experiencias. El estudio encontró que las mujeres que contrajeron matrimonio por primera vez experimentaron una reducción del 35 % en el riesgo de mortalidad y menores probabilidades de desarrollar enfermedades cardiovasculares, como accidentes cerebrovasculares y enfermedades coronarias. Además, mostraron un aumento significativo en indicadores de bienestar psicológico, como el optimismo, el propósito de vida y el afecto positivo. Estas mujeres también reportaron niveles más bajos de síntomas depresivos y soledad en comparación con aquellas que permanecieron solteras. Por otro lado, las mujeres que experimentaron un divorcio o una separación mostraron un aumento del 23 % en el riesgo de depresión y mayores niveles de soledad.

Estos beneficios se pueden deber a varias razones interconectadas. Una de las principales es la compañía que el matrimonio ofrece, tener a alguien con quien compartir la vida diaria proporciona un sentido de conexión y pertenencia. Además, el apoyo mutuo fomenta comportamientos saludables, como una mayor probabilidad de realizarse chequeos médicos, ya que las parejas a menudo se animan mutuamente a cuidarse. En etapas posteriores de la vida, el cuidado mutuo adquiere un papel central, ya que las parejas a menudo son los primeros en proporcionar atención y apoyo durante enfermedades o crisis, lo que fortalece aún más el vínculo y el bienestar emocional. Otro aspecto clave es el sentido de amor y estabilidad que surge de la convivencia prolongada. Sentirse amado y aceptado incondicionalmente aporta una seguridad emocional que puede amortiguar los efectos de las adversidades externas. Además, con los años, las parejas suelen desarrollar una mejor comprensión mutua, incluida la vida sexual, lo que puede traducirse en niveles más altos de satisfacción y bienestar general. La estabilidad emocional y la confianza inherentes a una relación comprometida proporcionan un «ancla» psicológica, ayudando a las personas casadas a gestionar mejor el estrés y a disfrutar de una mayor calidad de vida. En conjunto, estas dinámicas hacen que el matrimonio no solo sea un refugio emocional, sino también un catalizador para una vida más saludable y plena. En un mundo donde las formas de relación evolucionan constantemente, este tipo de estudios resaltan el valor de cultivar relaciones románticas estables y duraderas como parte esencial del bienestar.

EL PODER DEL APOYO MUTUO EN LA PAREJA, UN ESTUDIO QUE RESUENA EN MI VIDA

Hace poco leí un estudio fascinante que analiza cómo las dinámicas matrimoniales influyen directamente en la salud y el bienestar de los adultos mayores. El estudio, basado en datos del Health and Retirement Study (HRS), examinó las relaciones de casi ocho mil personas casadas mayores de cincuenta años a lo largo de cuatro años. Sus hallazgos son contundentes: el apoyo mutuo en la pareja no solo mejora el bienestar psicológico, sino que también reduce la soledad, mientras que la tensión y el conflicto tienen efectos adversos significativos en la salud mental.

LA IMPORTANCIA DE «ESTAR AHÍ»: EL CALOR HUMANO

Hace unos años leí un artículo cuyo título me resultó muy sugerente, «The Importance of "Being There"» [La importancia de «estar ahí»]. En este trabajo, llevado a cabo en diferentes universidades e instituciones médicas de la ciudad de Portland, estudiaron cómo treinta pacientes adultos con depresión percibían el apoyo social y qué características consideraban esenciales en las personas que les brindaban dicho apoyo. La forma clave de apoyo social resultó ser *estar ahí*. Los participantes definieron «estar ahí» como la presencia constante y accesible de alguien en quien confían. Este concepto incluye tres aspectos fundamentales: proximidad física; contacto frecuente o respuesta rápida, y la percepción de disponibilidad. Los pacientes valoraron profundamente a las personas que podían prever sus necesidades emocionales y comunicarse de manera intuitiva sobre su estado mental, a menudo sin la necesidad de conversaciones directas sobre la depresión. Este estudio me resultó interesante, pues venía a demostrar que todos, con independencia de que tengamos una depresión o no, necesitamos a alguien que «esté ahí». ¿Quién no se ha sentido aliviado después de una simple conversación cara a cara con un amigo o un familiar? No es casualidad. La ciencia nos muestra una y otra vez que nuestras conexiones sociales son fundamentales para nuestra salud mental y emocional. Mantener contacto regular con quienes queremos, especialmente en persona (un abrazo o una conversación cara a cara son más poderosos que un wasap), es importante.

Un estudio reciente sobre adultos mayores reveló que el contacto en persona es mucho más efectivo que las interacciones virtuales para prevenir la depresión. Quienes ven a sus amigos, familiares o hijos al menos una vez por semana tienen un riesgo significativamente menor de desarrollar síntomas depresivos. No es que el teléfono o los correos electrónicos sean inútiles, pero hay algo único en la conexión humana que ocurre cuando estamos frente a frente: el lenguaje corporal, la sonrisa, el contacto visual. Todo eso construye una cercanía que ningún mensaje puede reemplazar.

Para aquellos entre cincuenta y sesenta y nueve años, los amigos tienen un impacto especial en su salud mental. Un café con un amigo puede ser la mejor medicina contra el estrés. Según varios estudios, las relaciones de amistad tienden a ser menos conflictivas que las familiares, lo que las convierte en una fuente de apoyo emocional muy valiosa. Sin embargo, no se trata solo de cuánto tiempo pasamos con los demás, sino de la calidad de esas interacciones. Otro estudio muestra que las relaciones con altos niveles de apoyo emocional son las que realmente importan. No basta con tener muchas personas a nuestro alrededor; necesitamos conexiones significativas. La próxima vez que tengas una comida con un ser querido, pon el móvil en modo avión, escucha de verdad y muestra interés. Verás cómo ese pequeño gesto fortalece el vínculo y mejora tu bienestar.

Un estudio con veteranos de guerra encontró que las interacciones cara a cara pueden incluso proteger contra la depresión y el trastorno de estrés postraumático. Estos encuentros proporcionan un apoyo tangible que las redes sociales simplemente no pueden ofrecer. En contraste, pasar horas en Facebook o Instagram no mostró ningún impacto positivo en la salud mental de estos veteranos de guerra. Esto nos recuerda que las redes sociales, aunque útiles, no pueden sustituir la calidez de una conversación real.

Curiosamente, otro estudio encontró que incluso los veteranos de guerra que reportaban sentirse solos mostraban una disminución en los síntomas depresivos cuando tenían conexiones sociales en persona. ¿Por qué? Es posible que, a pesar de que se sientan aislados, esas interacciones cara a cara los ayuden a construir una resiliencia emocional que las interacciones virtuales no logran. Es un recordatorio de que nunca debemos subestimar el impacto positivo de acercarnos a alguien, aunque pensemos que no lo necesita.

A medida que envejecemos, nuestras necesidades sociales cambian. Para los mayores de setenta años, el contacto frecuente con hijos o familiares se convierte en un poderoso protector contra la depresión. Esto subraya la importancia de cuidar nuestras relaciones familiares, no solo para nosotros, sino también para nuestros padres y abuelos. Una visita regular, una comida compartida, incluso un paseo pueden marcar la diferencia en su bienestar emocional. En un mundo cada vez más ajetreado, puede parecer complicado encontrar tiempo para el contacto cara a cara, pero la recompensa vale el esfuerzo. Organiza reuniones con amigos, haz visitas sorpresa a tus padres o simplemente sal a caminar con alguien que quieras. Si vives lejos de tus seres queridos, planea visitas periódicas. Estas pequeñas acciones pueden tener un impacto duradero no solo en tu felicidad, sino también en la de quienes te rodean.

LA TELEVISIÓN, UN LADRÓN SILENCIOSO

Recuerdo a un hombre jubilado que atendí en consulta hace un tiempo. Vivía solo desde hacía años, separado, con los hijos ya independizados y haciendo su vida. No tenía un diagnóstico psiquiátrico claro. Dormía más o menos bien, no estaba deprimido en el sentido clásico, no refería ansiedad intensa. Cuando le pregunté cómo era un día normal para él, su respuesta fue sencilla y muy reveladora: «Me levanto, desayuno, hago algo por casa... y luego pongo la tele... Ya no la quito en todo el día». La televisión estaba encendida desde media mañana hasta la noche. A veces la veía, a veces no. Era más bien una presencia constante, un ruido de fondo. Sus hijos no estaban especialmente preocupados: «Así no se siente solo», decían. Y, en cierto modo, tenían razón. La televisión le hacía compañía. Pero también le estaba robando algo mucho más importante: la posibilidad de hacer cosas más interesantes. Salir a caminar, apuntarse a alguna actividad, quedar con antiguos amigos, implicarse en la vida del barrio. No porque no pudiera, sino porque la televisión llenaba el tiempo antes de que surgiera la pregunta de qué hacer con él.

Este es uno de los grandes engaños de la televisión: parece que acompaña, pero en realidad sustituye. No genera conflicto, no exige iniciativa, no obliga a exponerse. Simplemente ocupa el espacio. Y cuando el espacio está lleno, ya no hay hueco para nada más. Si uno piensa en hábitos perjudiciales para la salud, rara vez piensa en la televisión. No huele, no intoxica, no genera alarma social, forma parte del paisaje doméstico desde hace décadas. Precisamente por eso resulta tan eficaz como hábito pasivo, porque no parece peligroso. Desde el punto de vista clínico, esto tiene sentido. La televisión ofrece estímulos constantes, predecibles y de bajo esfuerzo cognitivo. Activa sistemas de recompensa mínimos —suficientes para mantener la atención— sin activar los circuitos del esfuerzo, la planificación o la interacción social. Es una forma de «pasatiempo». Cuando una persona está cansada, sola o desmotivada, el cerebro tiende a elegir de manera automática aquello que exige menos energía. El problema aparece cuando ese placer pasivo se convierte en la actividad central del día. Porque entonces no solo no aporta, sino que desplaza todo lo demás.

En este contexto, los trabajos del doctor Miguel Ángel Martínez-González aportan una evidencia especialmente sólida. El doctor

Martínez-González, catedrático en la Universidad de Navarra y en la Universidad de Harvard, además de una de las figuras más relevantes de la medicina preventiva, galardonado entre otros reconocimientos con el Premio Nacional de Investigación Gregorio Marañón, ha dedicado su carrera a estudiar cómo los hábitos cotidianos influyen en la salud a largo plazo. En un estudio publicado en el *Journal of the American Heart Association*, su equipo de investigación siguió a más de 13.000 participantes durante más de ocho años para analizar el impacto de distintos comportamientos sedentarios sobre la mortalidad. Los resultados fueron claros y preocupantes: ver televisión más de tres horas al día duplicaba el riesgo de muerte por cualquier causa en comparación con quienes veían menos de una hora diaria.

Lo más llamativo es que este efecto no se observaba con la misma intensidad en otras actividades sedentarias, como el uso del ordenador o el tiempo que pasamos conduciendo. No todo lo sedentario es igual y la televisión parece tener un impacto especialmente negativo. Es probable que no sea solo por estar sentado, sino por su carácter profundamente pasivo y por el tipo de vida que va sustituyendo. La televisión no solo ocupa tiempo. Ocupa el tiempo que antes se dedicaba a hablar con alguien, a salir de casa, a moverse, a participar en actividades con otros. El daño no está solo en lo que añade, sino en lo que va quitando sin que nos demos cuenta.

Esta idea encaja de forma natural con otro trabajo que me resulta especialmente cercano. El doctor Patricio Molero, psiquiatra y experto en salud mental, fue mi tutor durante la residencia en la Clínica Universidad de Navarra. En el estudio que lideró, «Dimensions of Leisure-Time Physical Activity and Risk of Depression in the SUN Cohort» [Dimensiones de la actividad física en el tiempo libre y riesgo de depresión en la cohorte SUN], analizó durante diez años los hábitos de más de quince mil graduados universitarios españoles. Los resultados mostraron que quienes realizaban ejercicio físico de forma regular tenían un 16 % menos de riesgo de desarrollar depresión. Pero el matiz clave no fue la intensidad del ejercicio, sino el tiempo dedicado. No hacía falta entrenar duro, bastaba con moverse. Aún más relevante, el beneficio era mayor cuando el ejercicio se realizaba en compañía. Moverse importa, pero moverse con otros importa más.

Este matiz es fundamental, porque nos lleva al núcleo del problema: no todas las elecciones de ocio son equivalentes, aunque parezcan iguales. La doctora Maira Bes-Rastrollo, catedrática del Departamento de Medicina Preventiva y Salud Pública de la Universidad de Navarra y galardonada en 2024 con el Premio Telva a las Ciencias, lo muestra con claridad en uno de sus estudios longitudinales más relevantes. En este trabajo, que siguió a más de catorce mil personas durante más de una década, se analizaron distintos factores del estilo de vida asociados a la prevención de la depresión. Además de los ya conocidos –no fumar, seguir una dieta mediterránea, mantener un peso saludable, limitar el consumo de alcohol–, apareció un factor especialmente potente: pasar tiempo con amigos. Los resultados fueron contundentes. Las personas que cultivaban relaciones sociales activas y, al mismo tiempo, reducían su tiempo frente a la televisión presentaban un 32 % menos de riesgo de desarrollar depresión. No se trataba de hacer grandes cambios heroicos, sino de elecciones pequeñas y repetidas. Llamar en lugar de encender la televisión, salir a dar un paseo con alguien en lugar de quedarse en casa, aceptar un plan sencillo aunque dé pereza. Lo importante es elegir la relación frente a la pantalla.

Volviendo al jubilado del inicio, el cambio no vino al «quitarle la televisión», sino al devolverle alternativas: un grupo de caminatas del barrio, un café semanal con un antiguo amigo, una actividad fija que le obligara a salir de casa. La televisión siguió ahí, pero dejó de ser el eje del día.

LAS AMISTADES SON PROTECTORAS... PERO TAMBIÉN SON CONTEXTOS DONDE SE APRENDEN Y REFUERZAN CONDUCTAS

Recientemente leí un artículo que analiza de forma muy detallada el impacto de la amistad en la salud y el bienestar en adultos mayores. Utilizando datos longitudinales con representación nacional en Estados Unidos, los investigadores estudiaron cómo la fortaleza de las amistades influye en treinta y cinco parámetros distintos de salud y bienestar, lo que permite tener una visión amplia y poco habitual del fenómeno. Los resultados fueron contundentes. Las relaciones de amistad más fuertes se asociaron con beneficios muy relevantes en la salud física, incluyendo una reducción del 24% en el riesgo de mortalidad por cualquier causa y un 19% menos de probabilidades de sufrir un ictus. En el plano psicológico, las amistades demostraron ser un auténtico factor protector: se asociaron con mayores niveles de optimismo y satisfacción vital, además de con una reducción significativa de los síntomas de depresión, desesperanza y afecto negativo. Por otro lado, estas relaciones fortalecían otros aspectos sociales, como un mayor contacto con amigos y familiares, creando una especie de círculo virtuoso de conexión. Hasta aquí, el mensaje parece claro y reconfortante: las amistades cuidan. Sin embargo, como ocurre con casi todo lo que es profundamente humano, la historia no es tan simple.

Las amistades no existen en el vacío. Son contextos sociales donde se comparten hábitos, rutinas, celebraciones y también excesos. Esto hace que, junto a sus efectos protectores, puedan tener también un «lado oscuro». En este mismo estudio, los autores observaron que pasar tiempo con amigos se asociaba con un aumento del 43% en la probabilidad de fumar. Es decir, los vínculos sociales no solo amortiguan el malestar, también pueden amplificar conductas poco saludables, dependiendo de las normas implícitas del grupo. Aun así —y esto es importante subrayarlo—, el balance global seguía siendo claramente positivo. Merece la pena.

Este matiz nos lleva de forma directa a uno de los debates más intensos y controvertidos de la investigación en salud pública: el del consumo moderado de alcohol. Desde hace años, existen posiciones enfrentadas en la literatura científica sobre si es más saludable consumir alcohol de forma moderada o ser del todo abstemio. Parte de esta controversia surge porque muchos investigadores sospechan que los beneficios atribuidos al consumo moderado no se deben tanto al alcohol en sí, sino al contexto social en el que suele producirse. Es decir, quizá lo «saludable» no sea la copa de vino, sino la conversación, la risa compartida, el ritual social que la acompaña. Pero otros científicos, en cambio, han defendido que ciertos componentes del vino podrían tener efectos beneficiosos directos. Este desacuerdo ha generado debates intensos, casi ideológicos, y ha dado lugar a episodios que parecen sacados de una película. A modo de anécdota reveladora, en 2018 el National Institute of Health (NIH), la principal agencia pública financiadora de investigación biomédica en Estados Unidos, se vio obligada a cancelar un macroensayo diseñado para evaluar los efectos del consumo moderado de alcohol en la salud. El motivo fue que se descubrió que la industria alcoholera había invertido alrededor de cien millones de dólares en el proyecto y que existían indicios de que los investigadores buscaban deliberadamente «el nivel de pruebas necesario para recomendar el alcohol como parte de una dieta sana». Es decir, el estudio parecía partir de una conclusión deseada más que de una pregunta abierta. El escándalo, destapado por *The New York Times* en marzo de 2018, provocó audiencias en el Congreso y la cancelación del ensayo cuando apenas se habían incluido 105 participantes.

Todo esto ilustra una idea clave para entender el papel de las amistades en la salud: las relaciones son profundamente protectoras, pero también son entornos donde se aprenden y refuerzan conductas. No basta con preguntar si tenemos amigos, también importa qué hacemos con ellos. Precisamente por eso, como veremos más adelante, no se trata solo de tener vínculos, sino de elegir bien los contextos relacionales que nos rodean.

SER SOCIALES SIN SER GREGARIOS, PERTENECER SIN RENUNCIAR A UNO MISMO

Después de todo lo que hemos visto a lo largo de este capítulo, alguien podría sacar una conclusión apresurada: cuantos más vínculos, mejor. Pero la realidad es más compleja. Somos seres profundamente sociales, sí, pero eso no significa que debamos disolvernos en el grupo ni renunciar a nuestro criterio personal. La conexión protege, pero la falta de criterio puede dañar. Distinguir una cosa de la otra es una de las tareas psicológicas más importantes de la vida adulta.

Hay una diferencia fundamental entre pertenecer y dejarse arrastrar. Pertenecer implica vínculo, reciprocidad, apoyo. Dejarse arrastrar implica renuncia: hacer cosas que no encajan con nuestros valores, con nuestra salud o con nuestro momento vital, simplemente por no desentonar, por no incomodar o por miedo a quedarnos fuera. Esta tensión entre el individuo y el grupo no es nueva. De hecho, es tan antigua como la psicología social moderna.

En los años cincuenta, en plena posguerra, el psicólogo Solomon Asch llevó a cabo uno de los experimentos más conocidos —y más inquietantes— sobre la *conformidad con el grupo*. El contexto histórico no es menor: el mundo acababa de asistir al horror del nazismo y del Holocausto; muchos científicos se preguntaban cómo era posible que tantas personas «normales» hubieran aceptado, justificado o participado en barbaridades evidentes. El experimento de Asch en apariencia era sencillo: se reunía a un grupo de personas en una sala y se les pedía que compararan la longitud de unas líneas dibujadas en una tarjeta. La tarea era trivial, pues cualquiera podía ver cuál era la línea correcta. El truco estaba en que todos los participantes, salvo uno, estaban compinchados con el investigador. Y, de forma deliberada, daban una respuesta claramente incorrecta. ¿Qué hacía entonces la persona que quedaba sola, viendo que el grupo entero decía algo que no era cierto? La respuesta es tan sencilla como perturbadora: muchas veces se plegaba al grupo. Aproximadamente un tercio de los participantes acababan dando la respuesta incorrecta en consonancia con la mayoría, a pesar de que sus propios ojos les decían otra cosa. No porque dudaran de lo que veían, sino por no desentonar, por no parecer raros, por no enfrentarse al grupo. Este experimento muestra algo esencial: la presión social no necesita violencia ni amenazas para ser eficaz. Basta con la incomodidad de ser el único que piensa distinto. Y eso implica que, cuando la mayoría se equivoca, tengamos una tendencia natural a dejarnos arrastrar.

Poco después, en los años sesenta, Stanley Milgram fue un paso más allá. Su famoso experimento de obediencia a la autoridad se realizó también en un contexto histórico muy concreto: la necesidad de entender cómo personas corrientes podían llegar a cometer actos dañinos simplemente obedeciendo órdenes. Milgram pidió a los participantes que administraran descargas eléctricas cada vez más intensas a otra persona (en realidad un actor) cada vez que cometía un error en una tarea. Una figura de autoridad, con bata blanca, los animaba a continuar con frases como «el experimento requiere que continúe». El resultado fue estremecedor: una gran mayoría llegó a administrar descargas potencialmente letales, no por crueldad, sino por obediencia. No querían causar daño, pero tampoco se atrevían a desobedecer. La lección es clara y profundamente incómoda. No basta con ser buena persona: sin criterio propio, sin capacidad de decir «no», cualquiera puede cruzar límites que jamás habría imaginado.

LA PRESIÓN GRUPAL NO ACABA EN LA ADOLESCENCIA

Solemos pensar que la presión del grupo es cosa de adolescentes, pero eso es una ilusión tranquilizadora. La presión grupal cambia de forma, pero no desaparece. En la edad adulta, la presión ya no suele ser explícita. Es más sutil, más educada, más irónica, aparece en frases como:

- «¿No vas a beber? Qué raro...».
- «Si estamos bebiendo todos, relájate».
- «No seas exagerado, vive un poco».
- «No seas retrógrado».

Y no solo ocurre con el alcohol o el tabaco. Ocurre con:

- Disponibilidad permanente al móvil porque «todos lo hacen».
- Comentarios despectivos que se aceptan por no incomodar.
- Decisiones económicas o vitales tomadas por comparación social.
- Decir que sí a planes sociales que no apetecen por miedo a quedar como antipático o «perder contacto», aunque después se vuelva a casa más cansado y vacío que antes.
- Mantener conversaciones superficiales o incómodas, evitando expresar una opinión propia para no generar tensión en una comida familiar o en una reunión de amigos.
- Posponer decisiones importantes (cambiar de trabajo, mu-

darse, pedir ayuda) porque nadie más en el entorno lo hace y parece arriesgado salirse del guion.

- Participar en chismes o críticas veladas, no por convicción, sino por miedo a convertirse en el siguiente objetivo del grupo.
- Adoptar posturas ideológicas o morales más por pertenencia que por reflexión personal, repitiendo eslóganes que nunca se han pensado a fondo.
- Aceptar estilos de crianza o educación que no encajan con los propios valores, solo porque «es lo que hace todo el mundo ahora».
- Tolerar ambientes tóxicos en el trabajo o en el grupo social porque denunciar o marcar límites podría implicar aislamiento o pérdida de estatus.

Muchas personas adultas hacen cosas que no desean realmente, no por placer, sino por inseguridad: por no decepcionar, no ser «el raro», no quedar fuera. En este sentido, conviene decir con claridad que no dejarse arrastrar requiere mucha seguridad personal, mucha más que seguir al grupo.

Sociable no es sinónimo de *borrego*. Conozco a mucha gente muy sociable que nunca se ha dejado arrastrar. Y esto es importante decirlo, porque a veces se confunde tener criterio con ser antipático o distante. En el tema del alcohol, siempre pongo el ejemplo de mi tía Belén. Es una persona muy simpática, muy querida, sociable. Salía, quedaba, iba de fiesta con sus amigos... y nunca bebía alcohol. Ni cuando era joven, ni cuando la permisividad social con el alcohol era altísima. Pero nadie la veía como una aguafiestas, simplemente tenía claro lo que quería y lo que no. Y eso, lejos de aislarla, le daba una seguridad que los demás respetaban. Todos tenemos cerca ejemplos así. Personas que no fuman porros, que no se emborrachan, que no siguen modas dañinas, y que aun así tienen amigos, planes y vida social. No porque sean rígidas, sino porque no negocian con su salud ni con su identidad para encajar.

En este capítulo he defendido con fuerza el valor de las relaciones. Pero el mensaje final no es la «relación a cualquier precio», sino algo más matizado y maduro: las buenas relaciones no te piden que te traiciones a ti mismo. Una amistad sana, una pareja sana, una familia sana, un grupo sano, son aquellos a los que puedes decir:

- «No me apetece».
- «Esto no me va bien».
- «Paso».
- «Hoy no».

Y seguir perteneciendo. Quizá el verdadero indicador de madurez psicológica no sea cuántas relaciones tenemos, sino cuánto de nosotros mismos podemos conservar dentro de ellas. Porque la conexión que protege no es la que nos diluye, sino la que nos permite ser quienes somos con otros, sin miedo.

A lo largo de este capítulo hemos visto con claridad algo que la ciencia confirma una y otra vez: las relaciones importan. La familia, la pareja, las amistades, la comunidad... Todas ellas actúan como factores protectores frente a la soledad, la depresión y el deterioro de la salud. El matrimonio, cuando es estable y saludable, puede ser un potente motor de bienestar. La amistad, cuando es auténtica, alarga la vida. La comunidad, cuando es cohesionada, amortigua el golpe de las crisis. Pero hay una frase que conviene añadir a todo esto, aunque incomode un poco: no toda relación es buena por el simple hecho de ser una relación, ni todo matrimonio protege, ni toda pareja cuida ni todo grupo acompaña. A veces, pertenecer tiene un coste demasiado alto.

El matrimonio puede ser una fuente extraordinaria de estabilidad emocional, sentido y apoyo mutuo. Lo muestran muchos de los estudios que hemos comentado. Pero esos mismos datos nos obligan a ser honestos: lo que protege no es el estado civil, sino la calidad del vínculo. Un matrimonio basado en el miedo, la dependencia, la anulación personal o la presión constante no es un factor protector, es una fuente crónica de estrés. Por eso, defender el valor del matrimonio no implica defender cualquier matrimonio. Del mismo modo que defender la importancia de la familia no implica justificar dinámicas familiares tóxicas, o defender la amistad no implica aceptar grupos que empujan sistemáticamente hacia hábitos destructivos. Las relaciones sanas no exigen que te pierdas para pertenecer. Ir contra corriente no es fácil. Nunca lo ha sido, pues exige coraje, y no solo en los grandes acontecimientos históricos, también en la vida cotidiana. Decir «No voy a beber», «Esto no me parece bien», «Esto no encaja conmigo», «No quiero vivir así» requiere una seguridad interior que no todo el mundo tiene. De hecho, muchas personas se dejan arrastrar no porque estén de acuerdo, sino por pura inseguridad. Por miedo a decepcionar, a quedarse solas, a no encajar.

Los experimentos de Asch y Milgram que comentábamos antes nos recuerdan algo inquietante: no hace falta ser débil para ceder al grupo, basta con ser humano. La presión social actúa de forma silenciosa, constante, casi invisible. Y cuanto más deseamos pertenecer, más fácil es que renunciemos a nuestro criterio. Sin embargo, la historia —y también la vida cotidiana— está llena de ejemplos de personas que se atrevieron a decir «no» cuando la mayoría decía «sí». Ese gesto, aparentemente pequeño, cambió muchas cosas.

IR CONTRA CORRIENTE, CUANDO LA MINORÍA TIENE RAZÓN

En el periodismo de investigación, por ejemplo, los grandes avances rara vez han surgido del consenso. Han venido de personas o equipos que se atrevieron a incomodar al poder, a enfrentarse a intereses económicos o a cuestionar narrativas dominantes. Algo parecido ocurre en el ámbito cultural. Películas que incomodan, que no siguen la corriente dominante, que abordan temas incómodos suelen encontrar resistencias enormes antes de ser reconocidas. En capítulos previos ya hablé de *El sonido de la libertad* y del papel de Eduardo Verástegui en sacar a la luz una realidad profundamente perturbadora: el tráfico y la explotación sexual infantil. Independientemente de debates posteriores o de cómo se haya utilizado mediáticamente la película, lo que resulta indiscutible es el coraje inicial de poner sobre la mesa un tema que muchos preferían no mirar.

Las relaciones que de verdad cuidan no te piden que apagues tu conciencia, ni que negocies tu salud ni que silencies tus valores. Al contrario, te permiten expresarlos sin miedo a ser expulsado. Posiblemente, la madurez emocional no sea tanto saber vincularse, sino saber cuándo decir sí... y cuándo decir no, aunque eso implique ir contra corriente. Porque, al final, las relaciones que más protegen no son las que nos arrastran, sino las que nos sostienen mientras seguimos siendo nosotros mismos.

Capítulo 7
EL ARTE DE NO EXPERIMENTARLO TODO
Sobriedad en la era del exceso

Vivimos en una cultura que confunde vivir con experimentarlo todo, y plenitud con acumulación de experiencias. Este capítulo defiende que renunciar también es una forma de elegir, que la sobriedad protege la salud mental y que el carácter se forja más en lo que decidimos no hacer que en lo que hacemos.

LA PRISA POR VIVIRLO TODO (Y VIVIRLO YA)

Una de las transformaciones culturales más llamativas de las últimas décadas es la aceleración de las experiencias vitales. No se trata solo de que hoy vivamos más cosas, sino de que queremos vivirlas antes, casi siempre con la sensación de que vamos tarde. En los países occidentales, la adolescencia y la juventud temprana se han convertido en una especie de carrera contrarreloj. Hay una presión silenciosa —pero constante— por no quedarse atrás: en el sexo, en los viajes, en el ocio, en el consumo, en la vida en general. La pregunta ya no es «¿Qué quiero vivir?», sino «¿Qué no me puedo permitir no haber vivido todavía?».

Uno de los ámbitos donde mejor se observa esta prisa es el de las relaciones sexuales. En muchos países occidentales, la edad de inicio sexual ha ido descendiendo progresivamente durante décadas. El problema aparece cuando la experiencia se adelanta más rápido de lo que madura la capacidad emocional para sostenerla. Aquí es especialmente relevante leer un estudio publicado por Oredein y Delnevo, que analizó datos representativos a nivel nacional en Estados Unidos procedentes de la Youth Risk Behavior Survey (más de 7.000 adolescentes mujeres). Sus resultados son muy claros y merecen una lectura pausada. El estudio mostró que, a medida que aumentaba el número de parejas sexuales en mujeres adolescentes, aumentaba de forma paralela la prevalencia de tristeza persistente, ideación suicida, planificación y tentativas de suicidio. Las adolescentes con tres o más parejas sexuales a lo largo de su adolescencia presentaban una probabilidad significativamente más alta de todos estos indicadores de patología psiquiátrica, en comparación con aquellas que no habían tenido relaciones sexuales o habían tenido una sola pareja. Pero conviene subrayar un punto esencial, y es que el estudio no demoniza la sexualidad. Lo que pone de manifiesto, más bien, es que, cuando las experiencias se suceden de forma acelerada, sin tiempo para elaborarlas emocionalmente, pueden convertirse en un factor de vulnerabilidad, sobre todo en chicas jóvenes. La relación parece bidireccional: algunas adolescentes acuden al sexo como una forma de aliviar un malestar previo, y otras pueden desarrollar síntomas depresivos como consecuencia de experiencias vividas sin el sostén emocional adecuado. En otras palabras: vivir antes no siempre significa vivir mejor.

Algo parecido ocurre con el consumo de alcohol y cannabis. En gran parte de Europa y Norteamérica, el contacto con estas sustancias se produce cada vez a edades más tempranas. En muchos contextos sociales, no beber o no consumir se percibe como una anomalía, casi como una falta de integración. El mensaje implícito es claro: «Si no lo pruebas pronto, te estás perdiendo algo». Pero rara vez se habla del coste psicológico de esta exposición precoz. El cerebro adolescente todavía está en desarrollo, especialmente las áreas relacionadas con el control de impulsos, la regulación emocional y la toma de decisiones. Introducir estímulos intensos en esta etapa no solo afecta al cerebro, sino también a la forma en que se aprende a gestionar el malestar, la frustración y el aburrimiento. De nuevo, la prisa por experimentar sustituye a la capacidad de esperar.

Otro fenómeno muy representativo es el de los viajes. Hace veinte o treinta años, viajar lejos era algo excepcional, reservado a momentos concretos de la vida. Hoy, en muchos países occidentales, es casi un requisito identitario. Se viaja antes, más lejos y con más frecuencia. No viajar genera una sensación extraña, la de estar perdiéndose algo importante. No es raro escuchar a personas de poco más de veinte años hablar de países «ya vistos», de destinos «pendientes», de experiencias que «hay que hacer antes de alcanzar cierta edad». El viaje, que podría ser una fuente de descubrimiento pausado, se convierte a veces en una colección de hitos, más pensados para ser mostrados que para ser vividos. Y, de nuevo, aparece la ansiedad: si no voy, si no pruebo, si no subo la foto, ¿me estaré quedando atrás?

Todo esto se refleja también en cómo gastan su dinero los menores de cuarenta años en los países occidentales. Hace dos décadas, una parte importante del gasto en la veintena y la treintena se destinaba a proyectos a medio y largo plazo: ahorro, vivienda, estabilidad, formación prolongada. Hoy, una proporción creciente del gasto se dirige a experiencias inmediatas como viajes, ocio prémium, restaurantes espectaculares, festivales, consumo vinculado al disfrute instantáneo. No es solo una cuestión económica, se trata de una cuestión psicológica y cultural. El consumo ya no satisface una necesidad, construye una narrativa personal. Lo que preocupa no es el hecho de disfrutar, sino la sensación de urgencia constante: «Si no lo hago ahora, ya no cuenta». La consecuencia invisible es la ansiedad por vivir

La suma de todos estos fenómenos genera un efecto psicológico muy concreto, la ansiedad por no haber vivido suficiente. Una sensación difusa de déficit vital, incluso en personas muy jóvenes. Como si la vida fuera una lista de tareas que hay que tachar cuanto antes. Pero la vida no es una lista de tareas. No todas las experiencias suman del mismo modo, ni todas necesitan ser vividas pronto ni todas merecen ser acumuladas. Muchas requieren tiempo, madurez, contexto. Y algunas, simplemente, no son necesarias para vivir bien.

Este capítulo no defiende volver atrás ni negar el placer, sino algo más difícil: aprender a esperar, a elegir, a no experimentarlo todo... y descubrir que, paradójicamente, así se vive con más profundidad.

GASTAR YA NO ES CUBRIR NECESIDADES, ES CONSTRUIR IDENTIDAD

Para muchas personas jóvenes, hoy el consumo no responde tanto a «¿Qué necesito?» como a «¿Quién quiero ser?». El viaje no es solo un descanso, es una historia; el restaurante no es solo una comida, es una escena; el festival no es solo música, es pertenencia, relato, prueba de vida vivida. El gasto se convierte así en una forma de narrativa vital, pues cada experiencia suma capítulos a una narración que se construye casi en tiempo real, muchas veces con un público implícito. No se trata únicamente de disfrutar, sino de haber estado, haber probado, haber vivido eso. Entonces, aparece un fenómeno interesante: el valor de la experiencia no siempre reside en lo que deja dentro, sino en lo que representa hacia fuera.

LA EXPERIENCIA COMO CAPITAL SIMBÓLICO

Hace décadas, el capital simbólico estaba más ligado a la estabilidad: tener un trabajo fijo, una casa, una trayectoria clara. Hoy, especialmente en entornos urbanos occidentales, ese capital simbólico se ha desplazado hacia la experiencia acumulada: destinos visitados, restaurantes conocidos, planes realizados, eventos vividos. Esto genera una presión silenciosa pero potente. No experimentar equivale a quedarse atrás; no viajar, no salir, no «probar» ciertas cosas puede vivirse como una carencia, incluso como un fracaso. Y esa presión no nace solo del deseo personal, sino de la comparación constante. Aquí enlazamos con algo ya tratado en capítulos anteriores: cuando la vida se convierte en escaparate, el gasto deja de ser neutro, pues se carga de significado emocional. Deja de responder al bienestar y empieza a responder al reconocimiento.

Pensemos en una escena cotidiana. Una persona de treinta años que, a final de mes, apenas ha ahorrado. No porque haya tenido un gasto extraordinario, sino porque el dinero se ha ido diluyendo en pequeñas experiencias: una cena aquí, una escapada allá, un concierto, un *brunch*, un viaje «que había que hacer». Cuando alguien le pregunta por ahorrar o pensar a largo plazo, la respuesta suele ser defensiva: «Prefiero vivir ahora». La pregunta que rara vez se formula es otra: ¿vivir ahora... o llenar el ahora para no pensar demasiado en el después? No se trata de juzgar esa elección. Se trata de entenderla. Muchas veces, el consumo experiencial no busca placer puro, sino una forma de alivio ante el miedo a perderse algo, a la comparación, a una sensación difusa de vacío o de falta de rumbo. Hay un coste psicológico de vivir siempre en presente, pues vivir orientado casi exclusivamente al presente tiene un precio: dificulta la capacidad de postergar la gratificación, debilita el músculo de la espera y hace que cualquier renuncia se viva como una pérdida intolerable. Cuando todo se convierte en experiencia urgente, el futuro deja de ser un proyecto y pasa a ser una amenaza.

Entonces, aparece una paradoja: cuanto más se intenta llenar la vida de experiencias, más difícil resulta sentir que la vida tiene profundidad. Porque la profundidad no surge de la acumulación, sino de la integración. Pero para integrar hace falta tiempo, pausa y a veces sobriedad. Este capítulo no defiende volver a una vida gris ni renunciar al disfrute, sino algo más complejo y saludable: recuperar la capacidad de elegir qué experiencias merecen la pena... y cuáles no son necesarias, aunque estén de moda. Porque no todo lo que se puede vivir necesita ser vivido. Y no todo lo que brilla en el presente construye bienestar a largo plazo.

LA FACTURA INVISIBLE

En consulta, cada vez escucho con más frecuencia una queja que cuesta poner en palabras, pero que se repite con sorprendente regularidad. No es tristeza clásica, no es una depresión mayor, tampoco es ansiedad en el sentido más convencional. Es algo más difuso, más moderno, más difícil de nombrar. Suele sonar así: «No me pasa nada grave..., pero siento que algo no encaja». Recuerdo en particular a una paciente de poco más de treinta años. Tenía un buen trabajo, viajaba con frecuencia, salía mucho, había probado casi todo lo que, sobre el papel, se supone que hay que vivir: festivales, escapadas, experiencias «únicas». Su agenda estaba llena y su vida aparentemente también. Sin embargo, en cuanto bajaba el ritmo, aparecía una inquietud difícil de soportar. Me dijo una frase que resume muy bien este malestar: «Cuando paro, me entra una especie de vacío». No era aburrimiento en el sentido clásico, sino más bien incapacidad para estar sin estímulos. La rutina le resultaba insoportable y un fin de semana sin planes le generaba ansiedad. No porque quisiera hacer algo concreto, sino porque no sabía qué hacer consigo misma cuando no había nada que «aprovechar».

Uno de los efectos psicológicos más claros de esta cultura de la experiencia es la ansiedad por no perderse nada. El famoso *Fear Of Missing Out (FOMO)* no es solo un fenómeno de redes sociales, es una forma de relación con la vida. Todo parece potencialmente valioso, irrepetible, imprescindible. Por tanto, renunciar se vive como un error. Esta ansiedad no se apaga viviendo más cosas, al contrario, se alimenta. Cuanto más se intenta abarcar, más se refuerza la idea de que siempre hay algo mejor que está pasando en otro lugar. El presente nunca es suficiente, porque el foco está puesto en lo que podría estar pasando.

Otro síntoma frecuente es la baja tolerancia al aburrimiento. Algo que, durante siglos, fue una experiencia humana normal —y a menudo fértil— hoy se vive como una amenaza. El silencio incomoda, la espera desespera, la repetición cansa. Sin embargo, desde el punto de vista psicológico, el aburrimiento cumple una función esencial: permite que la mente se reorganice, que emerjan preguntas, que aparezca el deseo propio. Cuando lo eliminamos sistemáticamente con estímulos externos, nos volvemos dependientes de ellos. La espera, por su parte, es una escuela de regulación emocional. Enseña a tolerar la frustración, a diferir el placer, a sostener la incertidumbre. Cuando todo es inmediato, estas capacidades no se entrenan y después aparecen las dificultades para sostener procesos largos.

Aprender a no experimentarlo todo no es resignación, sino una forma de cuidado psicológico: una manera de proteger la capacidad de disfrutar, de profundizar, de sostener lo importante. Porque, a veces, la salud mental no se deteriora por lo que nos falta..., sino por todo lo que no dejamos de hacer. Muchas de las cosas que más protegen la salud mental —vínculos estables, sentido vital, identidad sólida— no se construyen rápido: requieren tiempo, repetición, renuncias, silencios; justo lo que menos toleramos cuando vivimos en modo experiencia.

CUANDO LO EXTRAORDINARIO SE VUELVE OBLIGATORIO

Hay un comentario que escucho cada vez con más frecuencia, especialmente en personas jóvenes, y que dice mucho más de lo que parece a simple vista. Suele aparecer en consulta, pero también en conversaciones informales. Me lo dicen casi en voz baja, como si fuera una confesión: «Estoy deseando quedarme una noche tranquilo en casa». Lo curioso es que no lo dicen personas aburridas ni desmotivadas, sino personas con agendas llenas. Llevan varias noches seguidas cenando fuera, llegando tarde, enlazando planes, acumulando experiencias. Sin embargo, lo que echan de menos no es más estímulo, sino lo ordinario: una cena sencilla, una noche sin prisa, un silencio que no exija nada. Esta escena resume muy bien algo que nos está pasando como sociedad: que hemos convertido lo extraordinario en norma, y ahora necesitamos descansar de ello.

Durante mucho tiempo, salir a cenar, viajar, ir a un evento especial o vivir una experiencia intensa eran excepciones. Eran paréntesis en la rutina, momentos que se esperaban con ilusión porque contrastaban con lo cotidiano. Hoy, en muchos entornos urbanos occidentales, comer fuera se ha convertido en el estándar. Cocinar en casa parece casi un acto excéntrico. «¿Otra vez en casa?» suena a resignación, no a elección. El problema no es salir, viajar o disfrutar. El problema es que ya no haya contraste. Sin contraste, el placer pierde fuerza, pues, cuando todo es especial, nada lo es de verdad.

Aquí aparece una paradoja psicológica muy interesante: cuanto más se normaliza el exceso, menos satisface. Lo que antes generaba ilusión ahora genera cansancio, lo que antes se disfrutaba ahora se consume deprisa. Muchas personas enlazan planes sin saborearlos no porque no les gusten, sino porque no hay tiempo para integrarlos. Entonces ocurre algo en apariencia contradictorio, pero profundamente humano: empezamos a añorar lo sencillo, como una noche en casa, una comida sin fotos, un plan sin historia que contar. No porque hayamos dejado de amar lo extraordinario, sino porque el sistema nervioso necesita reposo.

Desde el punto de vista de la salud mental, esto es crucial. La sobreestimulación constante no solo agota, también desentrena la capacidad de disfrutar de lo básico. El café de siempre deja de bastar, la conversación tranquila parece insuficiente, el fin de semana sin planes se vive como tiempo perdido... hasta que el cuerpo y la mente dicen basta. Este fenómeno no nace del capricho individual, es cultural y está alimentado por la comparación constante, por la exposición pública de la vida privada, por la idea de que una vida valiosa es una vida llena de experiencias visibles. Pero conviene hacerse una pregunta honesta: ¿cuántas de las cosas que hacemos las elegimos de verdad... y cuántas las hacemos para no desentonar?

Aprender el arte de no experimentarlo todo empieza aquí: reconciliándonos con lo ordinario, devolviéndole su valor y aceptando que una vida mentalmente sana no necesita estar estimulada de forma constante para ser plena. A veces, el verdadero lujo no es un plan extraordinario, sino una noche normal que ya no exige nada de nosotros.

EL CANSANCIO DE LA SOBREESTIMULACIÓN: CUANDO EL EXCESO AGOTA EL DESEO

Uno de los efectos más silenciosos —y menos comprendidos— de la cultura del exceso es la saturación sensorial y emocional. No siempre se manifiesta como agotamiento físico, a veces aparece como apatía, como falta de ilusión, como dificultad para disfrutar incluso de aquello que, en teoría, nos gusta. Vivimos rodeados de estímulos, de pantallas, sonidos, imágenes, mensajes, planes, experiencias. Todo compite por nuestra atención. Y el cerebro, que no está diseñado para ese nivel constante de activación, acaba haciendo lo único que puede para protegerse: se defiende apagándose. Entonces conviene recordar algo básico de la neuropsicología: que el cerebro necesita contraste. El placer no se genera por acumulación, sino por diferencia. Para que algo resulte agradable, tiene que destacar sobre un fondo más neutro. Sin pausa, no hay intensidad; sin silencio, no hay música, y sin sobriedad, no hay disfrute. Esto conecta directamente con lo que hemos ido viendo a lo largo del libro. En el capítulo sobre *multitasking* hablábamos de cómo dividir la atención no nos hace más eficientes, sino que nos deja más fatigados. El cerebro no descansa cuando salta de tarea en tarea, se desgasta. En el capítulo sobre la inmediatez veíamos cómo la gratificación instantánea debilita la capacidad de espera y genera insatisfacción crónica. Y en los capítulos dedicados a las redes sociales analizábamos cómo la exposición constante a estímulos emocionales intensos termina banalizándolos. Todo responde a un mismo mecanismo: cuando todo es intenso, nada lo es de verdad.

Desde el punto de vista emocional, ocurre algo parecido a lo que sucede con el gusto. Si comemos de forma constante alimentos muy dulces, el paladar se embota. Necesitamos cada vez más azúcar para sentir algo parecido al placer inicial. Con las emociones pasa lo mismo. Si vivimos rodeados de estímulos fuertes —planes, viajes, contenidos, experiencias—, el umbral de activación sube. Lo normal deja de ser suficiente; entonces aparece una sensación paradójica: lo tenemos todo..., pero disfrutamos poco. Aquí aparece una idea clave para la salud mental: que el exceso no solo agota el cuerpo, también el deseo. Muchas personas no están deprimidas en el sentido clínico: están saturadas, han perdido la capacidad de ilusionarse porque no hay espacio para que el deseo se construya. El deseo necesita tiempo, anticipación, carencia. Cuando todo está disponible de inmediato, el deseo se consume antes de nacer. Esto se ve muy bien en consulta. Personas que dicen: «Antes me apetecían muchas cosas. Ahora, nada me motiva especialmente». No es falta de gratitud, no es pereza, es sobrecarga. La sobriedad, en este contexto, no es una renuncia triste, sino una estrategia inteligente, pues introduce contraste y devuelve valor a lo sencillo; permite que el sistema nervioso baje revoluciones. Hace posible que el placer vuelva a aparecer, no como estímulo artificial, sino como respuesta natural. Por eso, aprender a no experimentarlo todo no empobrece la vida, la afina. No reduce la intensidad, la redistribuye. Nos permite volver a disfrutar de una conversación tranquila, de una comida sencilla, de un fin de semana sin planes. Cosas que, paradójicamente, muchos empiezan a añorar cuando han vivido demasiado deprisa.

En una cultura que empuja a estar siempre activados, elegir la sobriedad es un acto de cuidado psicológico, y también de resistencia. Porque proteger el deseo es proteger algo muy profundo: la capacidad de seguir encontrando sentido y placer en la vida cotidiana.

SOBRIEDAD: UNA VIRTUD MAL ENTENDIDA (Y HOY MÁS NECESARIA QUE NUNCA)

Hay palabras que, sin saber muy bien cómo, han ido perdiendo prestigio cultural. *Sobriedad* es una de ellas. Suena antigua, gris, incluso un poco triste. En una época que celebra la intensidad, la visibilidad y la acumulación de experiencias, la sobriedad parece casi una provocación. Sin embargo, cuando uno mira con calma lo que está ocurriendo con la salud mental en las sociedades occidentales, resulta difícil no pensar que hemos despreciado justamente una de las virtudes que más necesitamos. Quizá porque hemos confundido sobriedad con carencia, o porque la hemos asociado a vidas pequeñas, cuando en realidad tiene mucho más que ver con vidas bien habitadas.

Pero, antes de defender la sobriedad, conviene desmontar algunos malentendidos muy arraigados. La sobriedad no es pobreza, no tiene que ver con no tener, sino con no necesitar demostrar constantemente. Hay personas con pocos recursos que viven atrapadas en el exceso —de estímulos, de consumo emocional, de comparación— y personas con abundancia material que viven con una sobriedad admirable. La sobriedad no depende del saldo bancario, sino del criterio interno. La sobriedad no es rigidez moral, no implica vivir a base de prohibiciones ni juzgar a quien elige distinto; tampoco es una lista de cosas vetadas, sino una forma de relación con los deseos. La persona sobria no dice «nunca», dice «cuando tiene sentido». Y esa diferencia es enorme desde el punto de vista psicológico. Pero, sobre todo, la sobriedad no es renuncia al placer. De hecho, muchas veces es el único camino para recuperarlo. El placer no desaparece por falta de estímulos, sino por exceso de ellos. Cuando todo es intenso, nada lo es de verdad. La sobriedad devuelve al placer su rareza, su pausa, su capacidad de sorprender. La sobriedad es capacidad de elegir con criterio, no reaccionar de forma automática ni dejarse llevar por la corriente dominante. Preguntarse, aunque sea un momento: «¿Esto me suma o solo me ocupa? ¿Lo deseo o lo imito?». Esa breve pausa entre el impulso y la acción es una forma de inteligencia emocional muy sofisticada, por desgracia cada vez más escasa.

Desde el punto de vista de la salud mental, la sobriedad actúa como un regulador silencioso. No cura trastornos, pero crea un terreno mucho más estable para la vida psíquica, pues reduce de manera directa la comparación social, ya que, cuando uno vive con sobriedad, deja de estar tan pendiente de lo que hacen los demás. La referencia deja de ser externa y se vuelve interna. Esto disminuye la ansiedad, la envidia, la sensación de insuficiencia, no porque desaparezcan los deseos, sino porque dejan de gobernarlo todo. Protege frente a la lógica del «siempre más», que es tan desgastante: más planes, más experiencias, estímulos, validación; es una lógica que no tiene final. La sobriedad introduce un límite sano: «Esto es suficiente». Y esa frase, psicológicamente, es un ancla. Facilita también el descanso psicológico, algo distinto del descanso físico. El descanso de no tener que estar siempre disponibles, de no ser siempre interesantes, activos; el descanso de poder estar sin justificar, producir o tener que demostrar. Muchas personas descubren que su cansancio no viene de lo que hacen, sino de la obligación constante de estar a la altura. Pero quizá lo más importante es que la sobriedad fortalece la identidad. Vivir con sobriedad envía un mensaje interno muy potente: «Mi valor no depende de mi rendimiento experiencial». No necesito vivirlo todo, mostrarlo todo ni justificarme todo el tiempo. Esa seguridad interna es uno de los mejores factores protectores frente a la ansiedad y la fragilidad emocional.

Aquí llegamos a uno de los grandes dilemas de nuestra época. Muchas personas no viven exactamente para vivir, sino para parecer que viven con intensidad. La vida se convierte en un escaparate y el yo, en una marca personal. Cada experiencia necesita ser narrada, documentada, compartida.

EL PROBLEMA NO ES COMPARTIR, SINO LA IMPOSIBILIDAD DE HACERLO

Cuando la vida se vive pensando en cómo será percibida, se pierde algo esencial: la experiencia deja de ser un fin y se convierte en un medio. Aparece la ansiedad por la imagen, la inseguridad cuando no hay respuesta, la dependencia de la validación externa. El bienestar empieza a medirse en reacciones, no en coherencia interna. Vivir para impresionar es agotador, pues nunca hay descanso, siempre hay alguien que parece hacerlo mejor, viajar más lejos, disfrutar más. La comparación no tiene techo. En cambio, vivir para vivir –con sobriedad, con criterio, con discreción– permite algo mucho más raro hoy en día, la presencia real.

La sobriedad no quita brillo a la vida, sino ruido, y al hacerlo crea espacio para lo que de verdad importa: vínculos más profundos, disfrute más auténtico, una relación más amable con uno mismo. En una cultura que empuja constantemente al exceso, elegir la sobriedad no es resignación, sino una forma de cuidado psicológico; también, aunque no lo parezca, una forma silenciosa de valentía.

CUANDO MÁS NO ES MENOS... Y MÁS SE CONVIERTE EN UN PROBLEMA

Hay una idea que atraviesa silenciosamente muchas historias de poder, liderazgo y fracaso: no todo lo que se puede mostrar conviene mostrarlo. La discreción no es timidez ni ocultación cobarde; es una forma refinada de inteligencia social. Paradójicamente, en una época obsesionada con la visibilidad, se ha convertido en una virtud escasa... y muy valiosa. Recuerdo a un paciente que acudió a consulta y me relató con mucha indignación un suceso que le había ocurrido en el trabajo. No estaba triste ni ansioso en el sentido clásico, estaba enfadado. Se sentía injustamente tratado en su trabajo, pues llevaba años muy implicado, asumiendo responsabilidades, sacrificando tiempo personal; había pedido un aumento salarial que consideraba razonable, y la respuesta de su jefe fue negativa. Hasta aquí, una historia laboral bastante común. Pero lo que desató su malestar no fue solo el «no». Fue el contexto. Me dijo algo así como: «Es que mi jefe viene a trabajar en un Maserati». No hablaba del coche como objeto, sino de lo que representaba. De la distancia, de la sensación de agravio, de la incoherencia entre el discurso de contención y la ostentación cotidiana. El mensaje implícito que recibía mi paciente no era «no podemos», sino «no quiero». La ostentación había roto algo fundamental, el vínculo. Había generado resentimiento, no porque el jefe tuviera dinero, sino porque lo exhibía sin medida en un contexto donde otros sentían que se estaban apretando el cinturón. La desigualdad siempre ha existido, pero la ostentación la hace emocionalmente intolerable. En este caso la sobriedad no es una cuestión estética, sino relacional.

DISCRECIÓN COMO INTELIGENCIA SOCIAL

La discreción es una forma de leer el contexto. La discreción no significa ocultar quién eres, más bien se trata de no convertir tu vida en un escaparate permanente, entender que no todo necesita ser visible para ser real. Que el poder más sólido no es el que se muestra, sino el que se ejerce sin ruido. Hay otro aspecto fascinante de la ostentación, y es que delata. En criminología, en periodismo de investigación y en la vida cotidiana, el patrón se repite una y otra vez. Muchos casos de corrupción no se destapan por auditorías brillantes, sino por ritmos de gasto incompatibles con los ingresos declarados: coches de lujo, relojes imposibles, viajes constantes, estilos de vida que no cuadran. El gasto deja huella, no solo económica, sino psicológica. Habla de impulsividad, de necesidad de mostrar, de dificultad para contenerse. Nadie sospecha del sobrio; todos miran al excesivo.

La película *American Gangster* ilustra esta idea de forma magistral. Frank Lucas, interpretado por Denzel Washington, construye durante años un imperio criminal precisamente porque no llama la atención. Viste de forma sencilla, vive con discreción, se mueve como uno más. Su poder reside en su invisibilidad. Todo cambia el día que rompe su propia norma. Aparece en un combate de boxeo con un abrigo de piel carísimo y ocupa asientos de primera fila, reservados a la élite visible. Ese gesto, en apariencia banal, es su error. Por primera vez, deja de camuflarse y es entonces cuando la policía empieza a fijarse en él. El mensaje resulta claro y profundamente aplicable a la vida cotidiana: el exceso rompe el camuflaje. Quien se exhibe se expone; quien necesita mostrar pierde el control sobre cómo es percibido. No hace falta ser un mafioso para entender esto.

Al final, la discreción es una expresión de carácter. Implica autocontrol, lectura del entorno, respeto por los demás y seguridad interna. No necesita aplauso constante, no vive pendiente de la mirada ajena. En una cultura que confunde visibilidad con valor, la discreción puede parecer una renuncia, pero en realidad es una forma silenciosa de poder. También es una forma de salud mental, pues reduce conflictos, protege vínculos y evita cargas emocionales innecesarias. Aprender el arte de no experimentarlo todo incluye también el arte de no mostrarlo todo. Porque hay cosas que crecen mejor en silencio y porque, a veces, la verdadera fortaleza consiste en saber cuándo pasar desapercibido.

Vivir con sobriedad no es privarse de todo, sino aprender a no satisfacer cada deseo en el momento en que aparece. Es un gimnasio psicológico. Cada vez que esperamos, que elegimos con calma, que no respondemos al impulso automático, fortalecemos el músculo del autocontrol, y ese músculo es esencial para la salud mental.

EL CARÁCTER SE FORJA CON LA RENUNCIA

En una cultura que asocia felicidad con satisfacción inmediata, hablar de renuncia suena casi ofensivo. Sin embargo, desde un punto de vista psicológico, el carácter no se forja con la acumulación, sino con la elección. Y elegir implica, inevitablemente, renunciar. Decidir no hacerlo todo es una forma de madurez. No porque no se pueda, sino porque no todo conviene. No responder a todos los impulsos no es represión, sino discernimiento. Convertir cada deseo en acción inmediata nos hace más reactivos, no más libres.

Muchas dificultades emocionales actuales tienen que ver con esto: con la incapacidad de tolerar el «no», el «todavía no» o el «no lo necesito». Cuando toda frustración se vive como intolerable, la vida se vuelve frágil. En cambio, cuando uno aprende a convivir con pequeñas renuncias, gana solidez. La austeridad, entendida así, construye carácter, porque enseña a distinguir entre deseo y necesidad, fortalece la identidad frente a la presión externa y permite sostener decisiones a largo plazo aunque no sean gratificantes de inmediato. Las personas emocionalmente maduras no son las que hacen más cosas, sino las que saben por qué hacen unas y no otras.

AUSTERIDAD Y LIBERTAD, ESA PARADOJA

Aquí aparece una de las paradojas más interesantes de la psicología humana: cuanto menos necesito, más libre soy. La dependencia no siempre es evidente, pues no depende solo del dinero, sino del reconocimiento, del entorno, del estímulo constante. Cuando necesitamos demasiadas cosas para estar bien —planes, consumo, validación, experiencias—, nuestra libertad se reduce. Estamos a merced de factores externos.

La austeridad reduce esa dependencia, no porque elimine el deseo, sino porque lo ordena. Menor dependencia del entorno significa mayor estabilidad emocional, menor dependencia del dinero significa mayor margen de decisión, menor dependencia de la aprobación significa mayor coherencia interna. Desde el punto de vista psicológico, esto es liberador. La persona austera no vive a la defensiva, protegiendo su imagen o su nivel de consumo. Vive con más margen, con mayor calma, con más capacidad de decir «sí» cuando quiere y «no» cuando lo necesita. En una cultura que empuja a tener siempre más, elegir la austeridad puede parecer una pérdida. En realidad, es una ganancia silenciosa: más control sobre la propia vida. La austeridad no es una virtud del pasado, es una herramienta del presente. Y, sobre todo, una inversión a largo plazo en algo que no se compra ni se exhibe: el carácter.

CUANDO VIVIR SE CONVIERTE EN ACTUAR

Hay una diferencia sutil —pero decisiva— entre tener una experiencia y representarla, entre vivir un momento y construir una versión del momento para que sea visto. Esa diferencia, que hace décadas era marginal, hoy se ha convertido en parte estructural de la vida cotidiana en muchos entornos occidentales. Y tiene consecuencias psicológicas importantes: afecta al placer, a la identidad y a la forma en que construimos sentido.

No es casual que muchos de los espacios más valorados hoy sean los más «fotografiables». No basta con que algo sea bueno, debe ser mostrable: el restaurante ya no es solo un lugar donde se come, es un escenario; la mesa no es solo una mesa, es un set; el plato no es solo comida, es contenido. La escena se repite. Llegas, te sientas y, antes de probar el primer bocado, ya ha ocurrido lo esencial: sacas el móvil, buscas el ángulo, ajustas la luz, repites la foto si no queda perfecta. A veces se enfría la comida, a veces se enfría también la conversación, pero lo importante es que el momento quede registrado. Aquí hay un mecanismo psicológico muy potente: cuando una experiencia se convierte en prueba social, empieza a vivirse desde fuera.

El disfrute genuino es íntimo, ocurre dentro. En cambio, cuando el foco se desplaza hacia la mirada ajena, aparece un modo mental distinto: el *modo performance*. En ese modo, no solo estás viviendo, sino que estás evaluando cómo se verá lo vivido. Es una forma de autoobservación constante que consume energía mental. En psicología esto se parece mucho a lo que ocurre con la ansiedad social: la persona deja de estar en la situación y pasa a vigilar cómo está siendo percibida. La atención se divide y, cuando esto sucede, el placer se reduce.

Lo mismo pasa con los viajes. Viajar, en sí mismo, puede ser un acto profundamente enriquecedor: cambio de perspectiva, novedad, aprendizaje. Pero, cuando el viaje se convierte sobre todo en contenido, cambia la lógica interna, pues ya no se trata de descubrir, sino de documentar; no se trata de estar, sino de demostrar que se ha estado. Entonces ocurre algo curioso: la experiencia empieza a depender menos de lo que se siente y más de lo que se produce. No importa tanto «cómo ha sido» como «qué material ha quedado». Esto tiene un coste psicológico, pues convierte el ocio en trabajo invisible. La vida deja de ser un espacio donde descansar y se transforma en un escenario donde rendir.

Hay una idea que merece la pena mencionar con claridad: la cámara interfiere con la vivencia. No porque fotografiar sea malo, sino porque la intención cambia la experiencia. La mente se fragmenta entre el momento y la representación del momento. Cuando vivimos pensando en cómo lo contaremos, la experiencia deja de pertenecer al presente y empieza a pertenecer al futuro, a la narrativa que construiremos después. Esto genera una forma de ansiedad sutil, pues el momento no se vive por sí mismo, se vive como inversión, como si hubiera que «capitalizarlo». Entonces entra un concepto psicológico clave: la integración. Para que una experiencia nos transforme, tiene que integrarse: necesitamos pausarla, recordarla, elaborarla, conectarla con nuestra historia personal. En cambio, cuando se encadena una experiencia tras otra —y además convertimos cada una en un producto para mostrar—, lo que ocurre es lo contrario: la experiencia no se integra, se consume.

RECUPERAR LA INTIMIDAD DE LO VIVIDO

Nada de esto es una invitación a vivir sin fotos, sin viajes o sin restaurantes. Sería absurdo. Es una invitación a recuperar algo que se está perdiendo, la intimidad de la experiencia. A veces, hoy en día el gesto más radical es vivir algo y no contarlo, o vivirlo sin capturarlo, sin convertirlo en material. Porque, cuando la vida se convierte en espectáculo, el yo se convierte en actor, y actuar constantemente cansa. Cansa de una forma especial, pues no es cansancio muscular, es cansancio de identidad. Recuperar la intimidad es volver a habitar el momento sin público, volver a comer sin demostrar, a viajar sin producir, a disfrutar sin medir. Y, sobre todo, volver a sentir que vivimos para vivir…, no para impresionar.

ELEGIR «NO EXPERIMENTARLO TODO», UNA FORMA DE SALUD MENTAL

Después de analizar la prisa por vivir, la sobreestimulación, el espectáculo de la experiencia y el valor de la sobriedad, podemos formular una idea central con mayor precisión psicológica: la salud mental no depende de la cantidad de experiencias vividas, sino de la capacidad para elegir, integrar y sostener las que se viven. Elegir no experimentarlo todo no es una actitud defensiva ni conservadora, sino una estrategia adaptativa en un entorno que empuja constantemente a la sobrecarga.

Desde el punto de vista psicológico, renunciar no es lo opuesto a elegir, sino su consecuencia inevitable. Toda elección auténtica implica dejar cosas fuera, el problema aparece cuando esta renuncia se vive como pérdida injusta, en lugar de como protección de recursos limitados. Porque nuestros recursos sí son limitados: la atención, la energía emocional, la capacidad de implicación, el tiempo mental disponible para integrar lo vivido, todo es limitado. Cuando una persona intenta abarcar demasiadas experiencias, lo que suele ocurrir no es que viva más, sino que vive de manera fragmentada. La fragmentación no genera plenitud, sino dispersión, y la dispersión sostenida es un factor de riesgo claro para la ansiedad, la sensación de vacío y la pérdida de sentido. Renunciar, en este contexto, cumple una función protectora: protege la atención de la dispersión constante, el deseo del agotamiento, los vínculos frente a la superficialidad, la identidad de la imitación continua.

En la clínica, esto se ve con claridad en personas que llegan exhaustas no por exceso de trabajo, sino por exceso de elecciones no filtradas. No todo lo que apetece conviene, no todo lo que está disponible es saludable. Renunciar no es empobrecer la vida, es hacerla manejable.

EL VALOR PSICOLÓGICO DEL «TODAVÍA NO» Y DEL «NO LO NECESITO»

Hay dos habilidades psicológicas que se están debilitando en la cultura de la inmediatez y que son fundamentales para el equilibrio emocional: la tolerancia a la espera y la regulación del deseo. El «todavía no» es una forma madura de relación con el tiempo, no niega la experiencia, la pospone. Pero posponer no es fracasar, sino permitir que la experiencia ocurra en un momento en el que pueda ser mejor vivida e integrada. Muchas vivencias adelantadas no generan más bienestar, sino confusión, saturación o desgaste prematuro.

En psicología del desarrollo sabemos que muchas capacidades emocionales —como la gestión de la intimidad, la frustración o la ambivalencia— necesitan tiempo para consolidarse. Cuando las experiencias se adelantan a la maduración emocional, el desajuste aparece después, no siempre de forma inmediata. El «no lo necesito» trabaja en otro plano, el de la impulsividad. No todo deseo es una necesidad, no todo impulso requiere acción. Aprender a distinguir entre ambos es una de las bases del autocontrol emocional. Cuando esta distinción se pierde, la persona queda a merced del entorno: estímulo → respuesta → estímulo → respuesta. Esta dinámica reactiva es incompatible con el sentido, pues este requiere distancia, reflexión y jerarquización de prioridades. Y eso solo es posible cuando no todo deseo se convierte automáticamente en conducta. Reconectando directamente con el planteamiento global del libro, elegir no experimentarlo todo implica desaprender aprendizajes culturales que hemos incorporado sin cuestionarlos. Desaprender la urgencia significa revisar la idea de que todo es «ahora o nunca». Esta lógica genera ansiedad crónica porque convierte cada decisión en definitiva y cada renuncia en una amenaza. En neurociencia sabemos que la percepción de irreversibilidad aumenta el estrés y reduce la capacidad de elegir bien. Desaprender el exceso implica cuestionar la creencia de que más experiencias producen más bienestar. La evidencia clínica muestra lo contrario: más estímulos sin integración aumentan la fatiga emocional y reducen la capacidad de disfrute. El sistema nervioso necesita ritmos, no acumulación.

Desaprender la comparación supone recuperar una referencia interna. Cuando la vida se mide constantemente en función de lo que otros hacen, el criterio propio se debilita. Esto genera inseguridad, dependencia del reconocimiento externo y dificultad para tomar decisiones coherentes con los propios valores. En conjunto, estos desaprendizajes no buscan reducir la vida, sino ordenarla. Desde el punto de vista de la salud mental, vivir bien no consiste en maximizar experiencias, sino en vivir las que se eligen con profundidad suficiente como para que dejen huella. No todo lo que se puede vivir merece ser vivido, porque no todo suma del mismo modo ni en el mismo momento vital. Elegir menos no es resignarse, sino priorizar. Poner límites no es empobrecerse, sino organizar la vida psíquica. Renunciar no es perder oportunidades, es evitar la dispersión.

En un entorno que empuja a la hiperestimulación, la verdadera fortaleza psicológica consiste en conservar tres cosas:

1. **Criterio**, para decidir sin dejarse arrastrar.
2. **Carácter**, para sostener tus decisiones aunque no sean populares.
3. **Calma**, para integrar lo vivido y construir sentido.

Posiblemente, en la capacidad de elegir no experimentarlo todo se encuentre una de las formas más sólidas y menos visibles de salud mental en la vida contemporánea.

Capítulo 8
NO CEDAS TU MENTE
Ten la tecnología como aliada, no como sustituta

A lo largo del último siglo, la humanidad ha estado profundamente fascinada por una idea, la inteligencia. No solo por comprenderla, sino por medirla, clasificarla y, en cierto modo, domesticarla. A comienzos del siglo xx, en un contexto de profunda transformación social y educativa, el gobierno francés encargó al psicólogo Alfred Binet una tarea concreta: identificar a los niños que necesitaban apoyo educativo especial para que no quedaran atrás en el sistema escolar. La respuesta de Binet fue la creación del primer test de inteligencia estandarizado. Su aportación fue revolucionaria para la época. Por primera vez, se intentaban evaluar capacidades cognitivas de manera sistemática con la intención −al menos inicial− de ayudar, no de excluir. Binet fue muy claro en sus advertencias: estas pruebas no debían entenderse como una medida fija ni definitiva de la inteligencia de una persona, ni mucho menos como una etiqueta. La inteligencia, insistía, es compleja, dinámica y susceptible de desarrollo.

Sin embargo, como ocurre a menudo con las buenas ideas cuando se institucionalizan, el instrumento acabó teniendo usos que su creador jamás habría aprobado. Las pruebas de inteligencia se extendieron rápidamente por colegios, universidades, procesos de selección laboral e incluso políticas públicas. En lugar de servir como herramientas de apoyo, pasaron a funcionar como mecanismos de clasificación y jerarquización. Una cifra comenzó a pesar más que la historia personal, el contexto social o el potencial no explorado. ¿Cuántos niños fueron etiquetados como «menos capaces» por el resultado de una prueba puntual? ¿Cuántos talentos quedaron ocultos porque no encajaban en una definición estrecha de inteligencia? La paradoja es evidente: en el intento de medir la inteligencia, la simplificamos en exceso.

Hoy vivimos un fenómeno comparable. Nos sentimos cautivados por algo que en esencia no es malo, pero que, si se utiliza sin criterio, puede resultar profundamente perjudicial. Me refiero a la tecnología. En el siglo XXI nos enfrentamos a una nueva revolución que no es educativa ni industrial, sino tecnológica, y cuyo ritmo es vertiginoso. La inteligencia artificial representa su forma más sofisticada y promete beneficios inmensos: eficiencia, automatización, acceso inmediato a cantidades ingentes de información. Pero conviene preguntarse: ¿a qué precio?, ¿estamos dejando que las máquinas piensen por nosotros?, ¿estamos entregando nuestra memoria, la atención, la capacidad de razonamiento? En revoluciones anteriores ya pagamos precios altos, pero merecieron la pena. Con la popularización del coche, dejamos de caminar o montar a caballo; ganamos velocidad, pero perdimos forma física. Con los GPS, nuestra capacidad natural de orientación comenzó a atrofiarse. Pero lo que hoy se está viendo amenazado no es lo físico, sino lo que precisamente nos distingue como especie: nuestra mente. El riesgo no es solo que deleguemos tareas, sino que dejemos de ejercitar el músculo más importante: el cerebro. Esta revolución no nos está haciendo más tontos... ¿O sí? El debate está abierto...

Durante la pandemia, este debate se hizo especialmente visible. En España —como en muchos otros países— se introdujo de forma masiva la tecnología digital en los colegios: tabletas, plataformas educativas, clases en línea... Era una respuesta comprensible a una situación extraordinaria. Pero lo interesante vino después. Cuando la pandemia pasó, muchos sistemas educativos rectificaron, varias comunidades autónomas comenzaron a limitar el uso de pantallas en etapas tempranas, a recuperar el papel, la escritura manual, la lectura sostenida. No por nostalgia, sino por la evidencia: dificultades de atención, problemas de aprendizaje, empobrecimiento del lenguaje, fatiga cognitiva.

¿ESTÁ LA TECNOLOGÍA EXPANDIENDO NUESTRA INTELIGENCIA… O SUSTITUYÉNDOLA SILENCIOSAMENTE?

A medida que la tecnología avanza, surge una paradoja inquietante: nunca habíamos tenido tantas herramientas a nuestro alcance y, sin embargo, cada vez usamos menos las capacidades más humanas de nuestra mente. Nos estamos acostumbrando a pedirle a la tecnología que piense, recuerde, organice y decida por nosotros. Pero lo más preocupante es lo que estamos dejando atrás en ese proceso, nuestra inteligencia emocional. ¿Cuándo fue la última vez que tuviste una conversación profunda sin mirar tu móvil ni una sola vez? ¿Recuerdas cómo se siente mantener la mirada de alguien durante un silencio incómodo, pero necesario? Estamos perdiendo el arte de leer un gesto, de interpretar una pausa, de percibir el estado de ánimo del otro más allá de lo que dice. Hoy en día, una buena parte de nuestra comunicación se ha reducido a tocar botones: pulgar arriba, cara sonriente, corazón rojo, fuego. ¿Qué ocurre cuando sustituimos palabras y matices por iconos?

No hace tanto, en la década de 1990, el mundo entero descubría con entusiasmo el concepto de *inteligencia emocional*. Daniel Goleman y otros investigadores pusieron sobre la mesa algo que parecía revolucionario: que saber gestionar las emociones, reconocer las de los demás y navegar la vida social con empatía y autocontrol era tan importante como resolver un problema matemático. Por fin se hacía justicia a una dimensión de la inteligencia que durante décadas había sido ignorada. En los colegios, universidades y escuelas de negocios se empezó a hablar de habilidades emocionales, en las empresas se valoró el liderazgo empático y en la sociedad empezamos a entender que no todo se mide con un test de CI. Fue un paso de gigante y, sin embargo..., ahora parece que estamos retrocediendo.

La omnipresencia de pantallas y la inmediatez de los mensajes digitales nos están alejando del contacto real, del matiz, del lenguaje no verbal. Las emociones ya no se expresan, se seleccionan de una lista. La tristeza se resume con una carita azul, el enfado con un emoji de cejas fruncidas, la alegría con una cara que ríe a carcajadas. ¿No es alarmante que nos estemos acostumbrando a este nuevo código emocional empobrecido? ¿Qué consecuencias puede tener esto para el desarrollo afectivo y social? Las nuevas generaciones pueden conocer todas las banderas del mundo en TikTok, pero no saben consolar a un amigo si no es con un *gift*. El lenguaje emocional se está atrofiando y, con él, una parte esencial de nuestra humanidad.

DE GOLEMAN A LOS EMOJIS: ¿QUÉ FUE DE NUESTRA INTELIGENCIA EMOCIONAL?

Quizá ha llegado el momento de frenar y hacer una pausa, no para rechazar la tecnología, sino para ponerla en su sitio. Volver a mirar a los ojos, a escuchar sin distraernos, a recuperar la riqueza del lenguaje emocional que habíamos comenzado a conquistar hace apenas unas décadas. La tecnología no es el enemigo, pero necesita límites. Solo si nos atrevemos a reaprender lo básico – el contacto humano, la escucha, la empatía –, podremos integrar el mundo digital sin perder lo más importante: nuestra capacidad de sentir, comprender y conectar con los demás. ¿Y si empezamos hoy? Puedes decidir dejar el móvil en el bolsillo la próxima vez que alguien te cuente algo importante, tal vez así descubras que tu atención... es el mayor regalo.

Vivimos en la era de lo instantáneo. Todo debe ser rápido, cómodo, sin esfuerzo. ¿A quién no le gusta lo fácil? Pero, como suele ocurrir con los atajos, lo que nos ahorramos en el presente puede salirnos caro en el futuro. Pensemos, por ejemplo, en la comida ultraprocesada: es cómoda, sabrosa, está lista en segundos, pero con el tiempo se ha demostrado, y de manera muy contundente, que acorta la vida. Con la tecnología digital puede estar sucediendo algo similar en lo que respecta a nuestra mente. Nos facilita tanto la vida que ha empezado a pensar por nosotros. ¿Qué precio pagamos por esa comodidad? ¿Nos estamos volviendo intelectualmente sedentarios, igual que nos volvimos físicamente sedentarios cuando llegaron los ascensores y los coches? Es como si cada nuevo avance tecnológico viniera envuelto en papel de regalo, pero sin etiqueta de advertencia. Nos deslumbra, lo adoptamos sin preguntar... y solo años después nos damos cuenta de las consecuencias. Igual que el tabaco en los años cincuenta, que se promocionaba como símbolo de éxito y modernidad, la hiperconectividad actual se vende como sinónimo de eficiencia y progreso. ¿Pero si dentro de unos años miramos atrás y descubrimos que esta conexión permanente nos ha hecho perder la capacidad de desconectar, de reflexionar, de estar simplemente presentes?

Piensa en la historia de la rana hervida. Si lanzas una rana al agua hirviendo, salta y huye. Pero si la metes en agua templada y la calientas poco a poco, se queda quieta hasta que ya es demasiado tarde. Nuestra relación con la tecnología se parece mucho a esa olla: no llegó de golpe, entró en nuestras casas con forma de correo electrónico, después de redes sociales, con la nube, las notificaciones, los asistentes virtuales y ahora con la inteligencia artificial.

¿Es posible que no nos estemos dando cuenta de que el agua está empezando a hervir?

En medio de todo esto, lo que está en juego es algo muy profundo: nuestra capacidad de pensar con claridad, de emocionarnos con autenticidad, de mantener el control sobre nuestra propia mente. Por eso este capítulo no es un manifiesto contra la tecnología, sino una invitación a usarla con cabeza. A no entregar sin resistencia lo más valioso que tenemos: nuestra atención, la memoria, la capacidad de asombro. Vivimos en la era de las ventanas abiertas, y no me refiero a las que dejan entrar el aire, sino a las de nuestro ordenador. Una pestaña con un informe a medio leer, otra con un vídeo en pausa, el correo electrónico parpadeando con nuevas notificaciones. Un chat esperando respuesta. Y por supuesto, la inteligencia artificial lista para contestar cualquier duda en segundos. ¿El resultado? Una mente que salta sin cesar de una cosa a otra, como un equilibrista sin red. Pensamos que estamos siendo eficientes, pero en realidad estamos diluyendo nuestra capacidad de concentración. Lo urgente suplanta a lo importante, lo inmediato sustituye a lo profundo. La investigación de Gloria Mark, de la Universidad de California en Irvine, lo demuestra: incluso las interrupciones más pequeñas fragmentan nuestro pensamiento, nos obligan a cambiar de tarea, nos desvían del rumbo, roban la energía mental. Las personas sometidas a interrupciones constantes terminan más cansadas, estresadas y frustradas. ¿Y tú? ¿Cuánto podrías avanzar si tu atención no fuera saboteada cada cinco minutos?

El ordenador es una herramienta prodigiosa, sin duda. Pero, si no lo usamos bien, puede convertirse en su contrario: en el «desordenador». El aparato que nos desordena la vida, que nos mantiene pendientes de los asuntos menos oportunos en el momento menos adecuado. ¿Cuántas veces abrimos el correo «solo para mirar» y, sin querer, quedamos atrapados en un bucle de tareas que no eran urgentes ni importantes? Yo lo veo cada día en las aulas universitarias, en las sesiones clínicas del hospital o en los congresos científicos: mientras el ponente intenta comunicar una idea valiosa, la audiencia responde mensajes, consulta mapas, revisa vuelos, compra *online*. ¿Estamos realmente aprendiendo... o solo aparentamos estar presentes?

PAPEL, TINTA Y BOLI: LA REVOLUCIÓN QUE NUNCA CADUCA

Entonces viene la gran paradoja, pues aquello que nació para facilitar el trabajo intelectual está empezando a obstaculizarlo. Frente a eso, a veces lo más simple es lo más efectivo. ¿Has probado acudir a una reunión solo con papel y bolígrafo? ¿Recuerdas la última vez que tomaste apuntes a mano en vez de teclear? La neurociencia es clara: escribir con bolígrafo y papel activa más áreas del cerebro que hacerlo en un teclado. Lo han demostrado investigadores como Ruud van der Weel y Audrey van der Meer, que comprobaron que la escritura manual genera más conectividad neuronal, crucial para el aprendizaje y la memoria. Escribir a mano no solo mejora la retención de la información, también nos obliga a sintetizar, a comprender antes de anotar, a escuchar de verdad. En cambio, teclear permite copiar sin pensar. ¿Con qué método te conectas más con las ideas? ¿Qué sistema te ayuda a pensar más y mejor? Tal vez, si volviéramos más a menudo al papel y boli, aprovecharíamos mejor el tiempo. Porque la tecnología no siempre ahorra esfuerzo, a veces lo desperdicia. Muy a menudo, lo que parece una autopista hacia el conocimiento termina siendo un laberinto de distracciones. En esta misma línea, otro trabajo muy interesante es el realizado por Pam Mueller y Daniel Oppenheimer (Universidad de Princeton y UCLA), que demostraron que los estudiantes que tomaban apuntes a mano recordaban y comprendían mejor el contenido que aquellos que usaban portátil.

Vivimos tiempos en los que todo está al alcance de la mano o, mejor dicho, del dedo. Deslizamos, pinchamos, cerramos, cambiamos de pantalla. En teoría, estamos más informados que nunca, pero en la práctica... ¿lo estamos realmente? Una de las víctimas más silenciosas de esta nueva era ha sido la lectura profunda. Antes, uno se sentaba a leer un periódico de principio a fin, casi como si conversara con él. Hoy abrimos diez pestañas, ojeamos los titulares de varios diarios y creemos habernos formado una opinión. ¿Pero cuándo fue la última vez que leíste una novela durante treinta minutos sin mirar el teléfono? ¿Cuándo dedicaste una hora entera a un solo texto sin que una notificación te sacara de tu mundo? Es como si intentáramos disfrutar de una sinfonía saltando de un movimiento a otro cada diez segundos. El pensamiento profundo exige tiempo, concentración y espacio... La tecnología, tal como la usamos, no siempre nos los da.

Este fenómeno no es solo anecdótico. Es social, también colectivo, y está dejando huella. Hay algo inquietante en los datos que empiezan a emerger: las puntuaciones de cociente intelectual (CI) están cayendo en muchos países occidentales. Este fenómeno, conocido como el *efecto Flynn inverso*, muestra una tendencia opuesta a la que se observó durante gran parte del siglo XX, cuando las puntuaciones de CI aumentaban generación tras generación. Ahora, especialmente entre los jóvenes de dieciocho a veintidós años, se constata un retroceso. Por supuesto, el CI no lo mide todo, y la inteligencia es un concepto complejo que va mucho más allá de un número. Pero, incluso si entendemos estas pruebas como una medida imperfecta, ¿no deberíamos al menos detenernos a reflexionar? ¿Estamos perdiendo capacidades intelectuales a cambio de más comodidad y conectividad?

A veces pienso: ¿aprovecho más una sesión clínica en el hospital cuando tengo el móvil a mano, o cuando estoy verdaderamente presente, escuchando, tomando notas, participando? ¿Y qué hay de los congresos? ¿Recuerdo más cuando anoto a mano en una libreta o cuando tomo notas en una tableta mientras contesto correos? Hoy, parecería absurdo acudir a una conferencia sin portátil, sin móvil, sin tableta. ¿Y si te dijera que probablemente sacarías mucho más si volvieras al papel y boli? Lo sé, hace veinte o treinta años habría sonado igual de ridículo prohibir el tabaco en espacios cerrados. Sin embargo, es algo que hoy nadie cuestiona. Recuerdo cuando era niño y los profesores fumaban en los colegios; hemos ganado muchas batallas por nuestra salud física... ¿Y si ahora nos tocara luchar por la salud mental e intelectual?

El problema no es la tecnología en sí, sino cómo la usamos. Muchas herramientas que nacieron para ayudarnos han acabado por entorpecernos. No porque sean malas, sino porque las usamos sin freno, sin filtros, sin reglas. Cada notificación, cada cambio de tarea, genera estrés y fatiga mental. Nos convierte en personas más distraídas, más agotadas y menos productivas. ¿De verdad es eso lo que queremos?

Entonces entra en juego un concepto que me fascina: *unclutter*, una palabra anglosajona que significa «despejar» o «deshacerse de lo innecesario». ¿Te suena? En casa lo aplicamos con los armarios, los trasteros, los garajes. Si no haces limpieza de vez en cuando, todo se llena de cosas que no usas y, lo que es peor, ya no encuentras lo que realmente necesitas. ¿Y en el plano digital? ¿Cuántas aplicaciones tienes abiertas en el móvil? ¿Cuántas pestañas de navegador llevas acumuladas? ¿Cuántas veces al día te ves respondiendo correos mientras estás en una reunión, o contestando mensajes mientras ves una serie? Nuestra mente también necesita orden, también necesita espacio y oxígeno.

La vida digital se ha convertido en un almacén desordenado y, como ocurre con los coches de Fórmula 1, el rendimiento depende del peso. En estas competiciones, hasta el combustible se mide al milímetro porque cada gramo importa. Lo mismo pasa con nuestra mente: cuanto más ligera, más libre; cuanto menos ruido, más claridad. *Unclutter* no significa vivir sin tecnología, sino vivir con la justa y adecuada. Con aquella que te ayuda a pensar, no la que piensa por ti; con la que amplía tu inteligencia, no la que la reemplaza. Desconectar no es retroceder, es elegir. Es reclamar nuestra capacidad de estar presentes en lo que estamos haciendo en cada momento, de leer despacio, escuchar de verdad, pensar con profundidad. No es fácil. Pero quizá, como sociedad, ha llegado el momento de preguntarnos: ¿queremos más clics o más claridad? ¿Más conexión... o más comprensión?

PEQUEÑOS ACTOS DE SOBERANÍA MENTAL QUE MERECE LA PENA PRACTICAR

Hay cosas que conviene hacer sin ayuda tecnológica, no tanto por romanticismo, sino por higiene mental. Son actos pequeños, pero tienen un efecto profundo, pues te devuelven la sensación de control, te obligan a elaborar, te reconectan contigo y con los demás:

1. Cuando estés mal, escribe a mano antes de pedir un diagnóstico a ChatGPT

Hoy es fácil sentirse confuso y abrir el móvil buscando respuestas inmediatas: «¿Esto será ansiedad?», «¿Tengo depresión?», «¿Qué me pasa?». Incluso es tentador contárselo a una IA para que nos devuelva un nombre, una explicación, una etiqueta. A veces ayuda, sí. Pero hay un riesgo: la etiqueta puede calmar a corto plazo y, a la vez, robarte el proceso de comprenderte.

Escribir a mano lo que te ocurre es un ejercicio extraordinario por tres razones psicológicas. La primera es que te obliga a elaborar. Cuando hablamos, muchas veces improvisamos; cuando escribimos, ordenamos; ponemos en palabras nuestros pensamientos y conectamos hechos, detectamos contradicciones. La mente deja de ser un ruido y se convierte en un mapa. La segunda razón es que crea distancia emocional. En psiquiatría se sabe que poner en palabras lo que sentimos reduce la activación emocional. No porque «desaparezca» el problema, sino porque deja de ser una nube difusa y pasa a ser algo que podemos mirar. Al escribir, el malestar se coloca delante, no dentro. Y ese pequeño desplazamiento cambia todo: ofrece perspectiva. La tercera razón es que reduce la rumiación. Este fenómeno consiste en ese pensamiento circular que no lleva a ninguna parte. Escribir rompe el bucle, pues lo que estaba dando vueltas se «descarga» en el papel. Muchas preocupaciones pierden fuerza cuando se ven escritas, como si el cerebro dijera: «Vale, ya lo hemos registrado, ahora podemos respirar».

2. Escribir una carta de verdad, la gratitud que deja huella

Hay regalos que cuestan poco y valen muchísimo, y cada vez son más raros, como una carta escrita a mano a alguien especial por su cumpleaños. Una carta no es un mensaje, no es un «audio rápido», no es un emoji: es tiempo convertido en palabras. Desde el punto de vista psicológico, una carta tiene efectos en dos direcciones. A quien la escribe le obliga a detenerse y recordar: ¿qué admiro de esta persona?, ¿qué momentos compartimos?, ¿qué le debo sin haberlo dicho? Activa la gratitud, y esta no consiste solo en «ser positivo», sino que es una forma de reordenar prioridades. Te recuerda lo esencial cuando la vida te arrastra a lo urgente, fortalece la identidad: al escribir lo que valoras, defines también quién eres y qué tipo de relaciones quieres cuidar. Pero, para quien la recibe, una carta es un objeto. Se guarda, se relee, no se pierde en el *scroll*. Es una señal de presencia real: «He pensado en ti sin prisas». Aumenta el sentido de pertenencia y, en una época de comunicación instantánea, una carta es una forma de decir: no voy con el piloto automático.

3. Caminar sin auriculares

Caminar es una herramienta psicológica antigua y eficaz. Pero caminar con estímulo constante (pódcast, vídeos, redes) puede convertirse en otra forma de anestesia. Un paseo de 20-30 minutos sin auriculares es, en realidad, un entrenamiento: de atención sostenida, de introspección sin rumiación, de regulación emocional natural.

4. Hablar sin el móvil sobre la mesa

Esto parece una tontería, pero cambia el clima emocional de una conversación, pues el móvil sobre la mesa actúa como un «tercero» silencioso; incluso aunque no lo mires, tu mente sabe que puede interrumpir. Practica un hábito simple: cuando hables con alguien, siempre que puedas ten el móvil fuera de la vista. La presencia de un dispositivo reduce profundidad, intimidad y escucha.

5. Memorizar una cosa al día (sí, a propósito)

La memoria es un músculo; si lo externalizamos todo, se debilita. No necesitas memorizar enciclopedias, basta con pequeñas cosas: un número de teléfono, una dirección, un poema corto, una frase que te haga sentir bien. El objetivo no es retener por retener, sino mantener viva la capacidad de sostener información sin depender del dispositivo. Debemos tener en cuenta el «efecto Google», una realidad de nuestros tiempos: tendemos a recordar menos información cuando sabemos que podemos buscarla fácilmente.

6. Leer en papel (lo que puedas)

Numerosos estudios muestran que la lectura en papel favorece una comprensión más profunda que la lectura en pantalla, especialmente en textos largos y complejos. Las investigaciones de Anne Mangen y sus colaboradores han encontrado que quienes leen en papel recuerdan mejor la secuencia de los hechos, comprenden mejor los argumentos y se orientan mejor en el texto. El papel ofrece referencias espaciales (inicio, mitad, final; página izquierda, página derecha) que ayudan a la memoria. En cambio, la lectura digital favorece el escaneo rápido, la fragmentación, la multitarea. No es casual, pues las pantallas están diseñadas para interrumpir. Incluso cuando no hay notificaciones, el cerebro «sabe» que podrían aparecer y esa expectativa ya consume recursos atencionales. Por eso, hoy abrimos diez pestañas, leemos titulares, saltamos de un enlace a otro y creemos que estamos informados. Pero información no es comprensión. Antes, uno se sentaba con un periódico o una novela y se dejaba absorber. Hoy leemos como quien prueba platos sin sentarse nunca a comer. La lectura profunda exige tiempo, silencio y continuidad. Y eso, tal como usamos la tecnología, cada vez es más raro.

Capítulo 9
LA CULTURA DE LA QUEJA

Elegir la esperanza: el optimismo como actitud consciente ante la vida. ¡Ay, la queja! ¿Cuánto nos quejamos a lo largo del día? ¿Cuánto tiempo le dedicamos? ¿De qué nos lamentamos? Si nos permitimos parar unos minutos y reflexionar sobre ello, la realidad es que la mayoría de las personas estamos impregnadas por la *cultura de la queja*. ¿Por qué?

En mayor o menor medida nos quejamos por todo: porque llueve, porque es lunes y hay que trabajar, porque la pareja no nos entiende, o este otro amigo es...; incluso porque hace calor, o frío, porque no hay trabajo, por no tener pareja o porque los hijos nos quitan la vida... A veces, llegamos a convertir la queja en una lucha de «a ver quién está peor»: «¡Si yo te contara!», «¡Pues, anda que yo...!», «¡Lo mío es peor...!». Algunas personas hacen de la queja su manera de ver la vida.

Cuando la atención está enfocada en lo negativo de una manera constante hablamos de *queja tóxica*. La queja tóxica es aquella que está focalizada en todo aquello que nos gustaría y no tenemos, en todo aquello que nos molesta, etc. Este tipo de queja puede ser infinita y lo malo es que perjudica a quien se queja y a quienes le rodean. Cuando la queja es persistente deja de cumplir su función, que es la de desahogo emocional, validación y conexión social, mecanismo de defensa, etc.

LA BUENA NOTICIA DEL DÍA

Recuerdo que hace unos años Antena 3 anunció que iba a comenzar a dar «La buena noticia del día» en su telediario en horario de máxima audiencia. A mi juicio, lo más sorprendente es que dar buenas noticias sea una novedad. Pero lo cierto es que los periódicos y los telediarios están llenos de guerras, violencia, corrupción, accidentes, robos, etc. En teoría, las noticias negativas captan más la atención de la gente por su elevado impacto emocional, por lo que se supone que atraen más lectores y espectadores, y en última instancia más anunciantes. A la vez, comprendo que los medios de comunicación tienen que desempeñar el papel de «vigilantes» del poder y, por tanto, tienen el deber de sacar a la luz cualquier abuso, escándalo o caso de corrupción. Pero esta realidad periodística me preocupa porque la exposición continua a noticias negativas hace que muchas personas hipertrofien el sesgo de negatividad, y esto favorece que presten más atención a lo negativo de la vida que a lo positivo. Este sesgo hace que las personas tengan más presentes los conflictos, los peligros o las tragedias que los eventos positivos. Informar sobre problemas sociales, políticos o ambientales puede contribuir a crear conciencia y promover el cambio. Sin embargo, excederse en este enfoque puede dar lugar a una visión desproporcionadamente pesimista del mundo. Aunque las noticias negativas tienen su lugar en el periodismo, el predominio de lo negativo puede llevar al público a sentirse abrumado, ansioso o desconectado. En mi opinión, los medios de comunicación tendrían que poner más el foco en lo constructivo y dar visibilidad a las soluciones.

El sesgo pesimista y escandaloso de algunos medios de comunicación está alejando a las personas, sobre todo a las más jóvenes. Es un fenómeno que se replica en varios países y que es conocido como *news avoidance* [evitación de las noticias]. Estudios como el *Digital News Report*, del Reuters Institute, han detectado en el último lustro un incremento en el porcentaje de quienes evitan el consumo de noticias porque les generan emociones negativas que impactan en su estabilidad emocional. Incluso describen la naturaleza de las noticias como «deprimente o abrumadora». El informe del Reuters Institute de 2023 se basa en una encuesta aplicada a 93.000 personas de cuarenta y seis países. En el informe 2023, el promedio de quienes evitan las noticias con sesgo violento ya es del 55 %. Las describen como información que «satura, agota y provoca malestar emocional». Con el panorama dantesco que pintan en ocasiones los medios de comunicación, parece entendible que las personas se alejen de las noticias para ejercer su legítimo derecho a ser felices y aprovechar su tiempo libre para centrarse en los aspectos positivos de la vida.

EL OPTIMISMO CURA, EL PESIMISMO ENFERMA

El *efecto placebo* es un fenómeno fascinante que ilustra el poder de la mente sobre el cuerpo. Consiste en la mejora de una condición médica simplemente por creer que se está recibiendo un tratamiento, aunque este no tenga ningún principio activo. Es decir, el simple acto de tomar una pastilla, recibir una inyección o cualquier otro tipo de «tratamiento» que una persona perciba como real puede generar efectos positivos en su salud, incluso si el tratamiento en sí mismo no tiene ningún valor terapéutico. Por otro lado, existe el *efecto nocebo*, que es el reverso del placebo. En lugar de mejorar debido a creencias positivas, las personas que experimentan este efecto desarrollan síntomas adversos o empeoramiento de su salud debido a expectativas negativas. El efecto placebo está relacionado con la liberación de sustancias como opioides endógenos, dopamina y oxitocina, mientras que el nocebo activa el eje hipotálamo-hipófisis-adrenal, lo que aumenta la respuesta al dolor y la ansiedad. Estudios de neuroimagen han mostrado que estos efectos influyen en redes cerebrales asociadas con la percepción del dolor y la emoción.

Esto del efecto nocebo me recuerda a una paciente de mi consulta: Mariana es una mujer de cuarenta y cinco años que trabaja como auxiliar de enfermería en una residencia de ancianos de la Comunidad de Madrid y vive con su marido y sus dos hijos adolescentes. Acude a consulta por síntomas persistentes de ansiedad y dificultad para controlar su peso. Me la derivaron desde Endocrinología porque la doctora que la atendió consideró que la ansiedad podía estar jugando un papel importante en su obesidad. Después de hablarme detalladamente de su relación con la comida, de sus fuentes de estrés y malestar, así como de sus estrategias de afrontamiento, Mariana me describió una larga lista de tratamientos médicos que, según ella, «no le habían sentado bien». Además, reconoció ser hipocondriaca y tener una gran dificultad para controlar sus temores constantes a desarrollar alguna enfermedad grave. Este tipo de pensamientos la empujaban a investigar extensivamente en internet sobre posibles diagnósticos, y a leer detenidamente los prospectos de los fármacos antes de tomarlos, así como a leer opiniones de otras personas en foros de internet y redes sociales, lo que aumentaba su nivel de angustia.

Esta paciente es un claro ejemplo de efecto nocebo. Sus expectativas negativas hacia los medicamentos, junto con su ansiedad generalizada y su hipocondría, contribuyen a que experimente síntomas adversos. Además, su hábito de buscar información sobre posibles efectos secundarios exacerba el problema. El éxito en el tratamiento de esta paciente dependerá de que ella logre comprender que sus creencias están influyendo en los síntomas físicos que presenta. La forma en que comunicamos información a nuestros pacientes importa casi tanto como el tratamiento en sí mismo. Al describir un fármaco o procedimiento, debemos ser claros y honestos, pero también cuidadosos de no crear expectativas negativas innecesarias.

Además, este caso nos recuerda que la salud mental está profundamente conectada con la salud física. Como médicos, debemos considerar las creencias, miedos y expectativas del paciente, porque estos pueden ser tan determinantes como la enfermedad misma.

Los efectos placebo y nocebo son un tema que en general nos interesa mucho a los médicos, porque en consulta observamos constantemente cómo las expectativas de los pacientes influyen en los desenlaces. Todos hemos visto que aquellos pacientes que leen demasiado el prospecto de los medicamentos presentan más efectos secundarios. Y al revés, la confianza en el médico y en el tratamiento pautado hace aún más eficaz el tratamiento médico. En este sentido, en 2020 *The New England Journal of Medicine*, que es la revista más prestigiosa de medicina del mundo, publicó una revisión sobre el tema según la cual, en los ensayos clínicos, un 26% de las personas que toman tratamientos placebos (es decir, pastillas sin principio activo) reportan efectos secundarios, lo que sugiere que las expectativas negativas pueden influir significativamente en la percepción de los síntomas.

Para profundizar en este tema recomiendo el libro que publicaron el doctor Arthur J. Barsky y la doctora Emily C. Deans, ambos profesores de Psiquiatría en la Facultad de Medicina de Harvard, titulado *Stop Being Your Symptoms and Start Being Yourself: A 6-Week Mind-Body Program to Ease Your Chronic Symptoms* [Deja de ser tus síntomas y comienza a ser tú mismo: Un programa mente-cuerpo de seis semanas para aliviar tus síntomas crónicos]. El libro se publicó hace casi veinte años, pero sigue siendo actual, y su enfoque principal radica en la conexión mente-cuerpo, pues propone que cambiar la forma en que pensamos sobre nuestra enfermedad puede influir significativamente en cómo experimentamos los síntomas.

En resumen, los efectos placebo y nocebo nos muestran el poder de la mente sobre el cuerpo: lo que creemos y esperamos puede tener un impacto tangible en nuestra salud física y psicológica.

Estas experiencias resaltan la importancia de la actitud y el optimismo en nuestra vida diaria. Si las creencias y las expectativas pueden generar efectos tan potentes, tanto positivos como negativos, es fundamental cultivar una mentalidad que nos ayude a manejar las dificultades y los desafíos de manera más saludable y positiva. Un enfoque optimista puede no solo ayudarnos a afrontar situaciones complicadas, sino también a potenciar nuestra capacidad de recuperación y bienestar.

TIPOS DE OPTIMISMO

Para mantener una *expectativa optimista* sobre el futuro podemos trabajar tres tipos de optimismo:

1. **Optimismo basado en recursos.** Este tipo de optimismo se fundamenta en los recursos que poseemos, como conocimientos, habilidades, apoyo social, experiencia previa o estabilidad financiera. Es una confianza racional en que podemos afrontar una situación porque tenemos lo necesario para hacerlo. El optimismo basado en recursos crea una sensación de seguridad y capacidad: cuando alguien reconoce que cuenta con las herramientas o apoyos necesarios para enfrentar un desafío, es más probable que se enfrente a él con confianza y menos ansiedad, lo que aumenta su resiliencia y disposición para tomar decisiones eficaces. Este ciclo refuerza su percepción de autosuficiencia y fortalece su optimismo a largo plazo.

2. **Optimismo agentivo.** Este tipo de optimismo proviene del compromiso y el esfuerzo personal. Es la creencia de que podemos influir en el resultado trabajando duro, perseverando y utilizando nuestras habilidades para superar obstáculos. El optimismo agentivo crea un círculo virtuoso: cuando al-

guien espera un futuro positivo gracias a sus esfuerzos, es más probable que se sienta motivado para trabajar con ese objetivo, lo que potencialmente aumenta las probabilidades de éxito y refuerza su optimismo.

3. **Optimismo infundado.** Es la expectativa de un resultado positivo sin que haya fundamentos claros o evidencias racionales que lo respalden. A menudo surge de una actitud despreocupada o una fe incondicional en que «todo saldrá bien». Este optimismo puede ser útil para mantener la calma en situaciones inciertas.

En escenarios como tener un hijo hospitalizado o estar frente a una situación médica crítica, nuestras acciones directas tienen un alcance limitado. Por ejemplo, no podemos controlar el resultado del tratamiento médico, pero sí podemos controlar cómo enfrentamos la incertidumbre. Este tipo de optimismo nos permite conservar esperanza y tranquilidad emocional, lo que a su vez puede ayudar a ofrecer apoyo a los demás. Aunque no haya razones evidentes para un desenlace positivo, mantener la expectativa de que «todo saldrá bien» puede ayudar a lidiar con el estrés de lo desconocido.

Diferencias clave

Aspecto	Optimismo basado en recurso	Optimismo agentivo	Optimismo infundado
Base del optimismo	Recursos externos o internos	Esfuerzo personal	Sin fundamentos claros
Justificación racional	Sí, basada en evidencia	Parcial, basada en la acción	No
Riesgos asociados	Bajos, si los recursos son sólidos	Moderados, dependen del esfuerzo	Altos, pueden ser irrealistas
Beneficio principal	Tranquilidad y confianza realista	Motivación y perseverancia	Reducción del estrés

Cada tipo de optimismo tiene su lugar y utilidad según el contexto. Mientras que el optimismo basado en recursos y el agentivo son más racionales y prácticos, el infundado puede ser útil en situaciones en que mantener la calma o la esperanza es esencial, incluso sin garantías.

A continuación, presento una situación real a la que me he enfrentado en consulta en la que he utilizado el optimismo basado en recursos, el optimismo agentivo y el optimismo infundado como herramientas terapéuticas.

ANA Y SU GRAN PRESENTACIÓN

Ana, una joven profesional de treinta y cuatro años, trabaja en el departamento de marketing de una empresa muy conocida (una multinacional dedicada al sector de los refrescos). Su jefa le ha pedido que presente una estrategia ante el equipo directivo, lo cual la tiene muy ansiosa. Aunque Ana tiene experiencia previa en presentaciones pequeñas, nunca ha hablado frente a un público tan importante y teme no estar a la altura. Por este motivo, y por amigos en común, decide consultar conmigo. Además de un tratamiento farmacológico para tratar el insomnio que presenta desde hace un par de semanas, la ayudo a trabajar el optimismo como herramienta psicológica.

- **Optimismo basado en recursos.** Le recuerdo a Ana que ha estudiado a fondo la estrategia, que ha preparado datos sólidos para respaldar su propuesta y cuenta con una jefa que la apoya. Esto la ayuda a reconocer que tiene lo necesario para enfrentar este desafío.

  Ejercicio: propongo a Ana escribir en un folio los recursos que tiene para afrontar esta situación, y leerlo las veces que sea necesario hasta convencerse de que está preparada.

- **Optimismo agentivo.** Ana decide que practicará su presentación tres veces al día y grabará un ensayo para pulir sus puntos débiles. Cree que, con esfuerzo, puede mejorar su confianza.

  Ejercicio: le propongo a Ana que ensaye varias veces por su cuenta y, una vez que se sienta segura, que lo practique con su jefa.
- **Optimismo infundado.** Aunque sigue sintiendo nervios, Ana decide imaginar que todo saldrá bien. Se visualiza hablando con seguridad y viendo caras de aprobación en el público.

  Ejercicio: recomiendo a Ana que antes de la presentación cierre los ojos y se diga a sí misma: «Todo irá bien. Estoy lista para dar lo mejor de mí».

Además de en consulta, suelo trabajar el optimismo con los doctorandos antes de la presentación de sus tesis doctorales. El optimismo ofrece una perspectiva sobre la adversidad que ayuda a las personas a sobrellevar las dificultades con más resiliencia y crecer como resultado de ellas. Reconoce las dificultades, el dolor y el sufrimiento de lo que está sucediendo y, al mismo tiempo, la capacidad de mantener la esperanza.

MANTENER UNA PERSPECTIVA OPTIMISTA

El optimismo y el pesimismo son formas de percibir y ver la vida, actitudes hacia las cosas. No son creencias sobre el futuro, sino maneras de enfocar la atención en los aspectos positivos o negativos de una situación. El optimista, ante una decisión o circunstancia, evalúa tanto lo positivo como lo negativo, pero dándole más importancia a lo primero. No es que sea incapaz de percibir lo negativo, sino que se detiene más en lo bueno que en lo malo. Tiene su mirada educada para descubrir lo mejor de cada alternativa. El pesimista, en cambio, evalúa solo lo negativo y deja de lado lo positivo. Ve solo las amenazas y no las oportunidades.

En la vida, todas las situaciones tienen elementos positivos y negativos. La clave para mantener una perspectiva optimista no es ignorar los desafíos, sino enfocar nuestra atención en los aspectos positivos, aquellos que nos brindan satisfacción, aprendizaje o crecimiento. Este enfoque nos ayuda a valorar lo que tenemos, afrontar mejor las dificultades y mantenernos motivados.

En nuestra sociedad actual, a menudo se destacan los aspectos desafiantes de la paternidad y la maternidad: la falta de sueño, los sacrificios económicos o las restricciones en la vida social. Sin embargo, se habla menos de lo que puedes perder si decides no tener hijos. Ser padre o madre te permite experimentar un tipo único de amor y conexión que es difícil de replicar en otras áreas de la vida. Tener hijos te brinda la oportunidad de enseñar, guiar y ver crecer a alguien que has traído al mundo. Además, muchas personas encuentran que la paternidad o maternidad da un nuevo sentido a su vida, las ayuda a desarrollar la paciencia, la empatía y una perspectiva más profunda sobre lo que realmente importa.

Incluso en situaciones difíciles, como un fracaso personal o una pérdida, también es posible encontrar aspectos positivos si ajustamos nuestra mirada. Un revés puede ser una oportunidad para aprender, redescubrir nuestra resiliencia o encontrar nuevas metas. Por ejemplo, perder un empleo puede parecer un golpe devastador al principio, pero también puede ser el inicio de una etapa nueva, llena de posibilidades, como emprender un negocio, aprender una habilidad nueva o reevaluar tus prioridades. Una persona madura sostiene que hay espacio para experimentar tanto lo bueno como lo malo, y que podemos crecer a partir de ambos. Mantener una perspectiva optimista no significa ignorar los desafíos ni forzar una actitud de felicidad constante, sino reconocer que hay aspectos valiosos en casi cualquier situación. Practicar este enfoque no solo mejora nuestro bienestar, sino que también nos permite ser más agradecidos y estar más abiertos a las oportunidades que la vida tiene para ofrecernos.

Un estilo optimista tiende a atribuir los problemas a factores temporales, específicos y externos («Fue una mala racha» o «Esto no define mi capacidad»), mientras que un estilo pesimista los asocia con causas permanentes, globales e internas («Siempre fallo» o «Esto prueba que no soy bueno en nada»). El optimismo es rentable, y la explicación es sencilla: el optimista es más perseverante, lo intenta más veces y eso hace que llegue más lejos; el pesimista, por su parte, ante las dificultades, abandona pronto, y así se cumplen sus pronósticos más derrotistas.

A continuación, presento de manera muy resumida la historia de varios personajes que convirtieron un fracaso en oportunidad:

OPRAH WINFREY, DESPEDIDA Y CRITICADA

Antes de convertirse en una de las mujeres más influyentes del mundo, Oprah Winfrey fue despedida de su trabajo como reportera porque «no era apta para la televisión». En lugar de renunciar a su carrera, Oprah utilizó esta experiencia para redirigir su energía hacia un programa matutino, donde su autenticidad y empatía brillaron. Esto fue el inicio de su exitoso programa *The Oprah Winfrey Show*. La crítica que enfrentó se convirtió en la chispa que encendió su verdadero potencial. A través de su resiliencia, Oprah no solo cambió su destino, sino que impactó en la vida de millones de personas.

JULIO IGLESIAS, DEL FÚTBOL A LA MÚSICA

Julio Iglesias soñaba con ser futbolista profesional y llegó a ser portero del Real Madrid Castilla. Sin embargo, un grave accidente de tráfico en 1963 lo dejó parcialmente paralizado durante más de un año. Durante su recuperación, una enfermera le regaló una guitarra para mantenerlo entretenido. Este gesto inesperado lo llevó a descubrir su talento musical. Con el tiempo, se convertiría en uno de los cantantes más exitosos y reconocidos internacionalmente, y llegó a vender más de trescientos millones de discos. La lesión que parecía terminar con su futuro no solo le dio una nueva dirección en la vida, sino que también le permitió alcanzar un éxito que nunca había imaginado. Esto demuestra cómo una adversidad puede abrir la puerta a un destino inesperado.

STEVE JOBS, DESPEDIDO DE SU PROPIA EMPRESA

En 1985, Steve Jobs fue despedido de Apple, la compañía que él mismo había fundado. Este golpe personal y profesional lo llevó a fundar NeXT y Pixar, compañías que redefinieron la tecnología y la animación. Cuando regresó a Apple en 1997, la compañía estaba al borde de la bancarrota, pero Jobs utilizó todo lo que había aprendido durante su ausencia para revitalizarla. Bajo su liderazgo, Apple lanzó productos revolucionarios como el iPhone, el iPad y el iPod. El despido que parecía un fracaso fue, según Jobs, «una de las mejores cosas que me han pasado». Este periodo de adversidad lo llevó a innovar y a regresar más fuerte que nunca.

J. K. ROWLING, DEL RECHAZO AL ÉXITO MUNDIAL

Antes de convertirse en una de las autoras más famosas del mundo, J. K. Rowling enfrentó numerosos desafíos personales y profesionales. A principios de la década de 1990, Rowling era una madre soltera y desempleada que luchaba contra la depresión. Mientras escribía el primer libro de *Harry Potter* en cafeterías, vivía con ayudas del gobierno y apenas podía cubrir sus gastos básicos. Cuando terminó el manuscrito de *Harry Potter y la piedra filosofal*, fue rechazado por doce editoriales, todas ellas con el argumento de que «los libros para niños no eran un mercado viable». Al final, una pequeña editorial, Bloomsbury, decidió apostar por ella y publicó el libro en 1997. Lo que siguió fue un fenómeno cultural global: la serie de *Harry Potter* vendió más de quinientos millones de ejemplares, fue traducida a más de ochenta idiomas y dio lugar a una de las franquicias cinematográficas más exitosas de la historia. J. K. Rowling no dejó que las adversidades definieran su futuro. En lugar de rendirse, utilizó sus recursos (su imaginación, su pasión por escribir) y perseveró hasta encontrar una oportunidad. Su historia es un recordatorio de que incluso los rechazos más duros pueden conducirnos hacia algo extraordinario si no dejamos de intentarlo.

Estas historias pretenden ilustrar los beneficios de mantener una perspectiva optimista en momentos difíciles. Cada uno de estos personajes utilizó los recursos disponibles (creatividad, apoyo o tiempo) para superar la adversidad (optimismo basado en recursos). Destacaron por su perseverancia y esfuerzo para convertir un aparente fracaso en una oportunidad (optimismo agentivo) y mantuvieron, incluso en los peores momentos, la esperanza de que algo bueno podría ocurrir (optimismo infundado). Las personas que aceptan que la vida viene con dificultades y están preparadas para ellas se enfrentan a los problemas de manera más eficaz.

EL OPTIMISMO SE PUEDE ENTRENAR

Aunque la predisposición al optimismo puede estar influenciada por factores genéticos, se señala que más del 70% depende de variables no genéticas, lo que implica que es posible cultivar una actitud más optimista a través de ciertos hábitos. Para ser optimista es fundamental cultivar las siguientes aptitudes:

- Creer en un futuro positivo.
- Capacidad de superar adversidades.
- Aprender de las experiencias negativas.
- Proactividad en buscar oportunidades.
- Asumir los errores sin dramatizar.
- Disponer de energía para enfrentar retos.
- Ser responsable ante los desafíos.
- Practicar la gratitud por los logros propios y ajenos.

Se puede aprender a ser optimista, pero no es fácil y requiere esfuerzo y paciencia. La clave está en fomentar más el optimismo que en intentar reducir el pesimismo. Se ha demostrado que, en lugar de pretender desprendernos de nuestros pensamientos pesimistas, la fórmula reside en potenciar aquellos aspectos optimistas con los que todos contamos. La metodología consiste, primero, en hablar de lo que a uno le gusta. Sabemos que las formas de pensar y de sentir van de la mano: según como siento, pienso. Si lo estás pasando bien y te pregunto qué piensas, no me vas a decir cosas negativas. Cuando nos sentimos bien, los pensamientos son siempre positivos. La parte del cerebro que regula las emociones influye en los pensamientos, de modo que, si potenciamos las situaciones de nuestra vida que nos resultan agradables, tendremos más pensamientos positivos. Segundo, hay que revisar y eliminar ese conjunto de pensamientos negativos automáticos que nos invaden a menudo y que no están fundamentados; como, por ejemplo, «solo hay malas personas».

Una vez, en el hospital, en la típica conversación de ascensor, un colega que miraba el móvil mientras subíamos hasta la segunda planta me comento: «Joder, tío, la sanidad pública está en ruinas y nadie hace nada». No sé por qué motivo decidí entrar al trapo; le pregunté qué le hacía pensar eso y qué situaciones concretas había vivido para llegar a esa conclusión. ¡Mi colega me remitió a las noticias! A lo que decía no sé qué político de turno. Ni los políticos ni las noticias necesariamente describen la realidad. Por supuesto que hay problemas (¡siempre los habrá!). Pero, si nos enfocamos solo en lo negativo, dejamos de valorar lo que en realidad funciona y el impacto positivo de nuestras acciones. Como dice mi madre: «Los problemas son como la energía: ni se crean ni se destruyen, se transforman».

1. **Si eres pesimista, reconoce tu problema.** El primer paso para mejorar es tomar conciencia de las limitaciones. Mucha gente pesimista no lo reconoce porque es incapaz de darse cuenta. Es importante desarrollar cierta capacidad de introspección para identificar si uno tiende a tener pensamientos pesimistas.

2. **Practica la gratitud.** Un ejercicio mentalmente saludable es manifestar expresamente nuestra gratitud por las cosas buenas que tenemos. Es muy recomendable tomar conciencia de todas las cosas positivas que existen en nuestra vida. Además, reconocer lo positivo que te ocurre te hará sentir más esperanzado de que te sucedan cosas positivas en el futuro. Yo mismo, cada noche, hago el esfuerzo de pensar en motivos por los que debo estar agradecido, y en personas a quienes debo agradecer ese día. Este simple ejercicio que quita solo unos minutos puede ayudarnos a cultivar una actitud mental más positiva.

3. **Nada de *happycracia*.** Un aspecto importante es reconocer que algunas cosas malas inevitablemente pasarán en la vida. No se trata de pensar que cada día va a ser perfecto, sino de saber que en la vida sucederán también cosas malas, pero es bueno decirnos a nosotros mismos que seremos capaces de lidiar con lo que nos ocurre, en vez de preocuparnos de las cosas malas que puedan ocurrir. Como decía Mark Twain: «He tenido miles de problemas en mi vida, la mayoría de los cuales nunca sucedieron en realidad», y es que llevaba mucha razón.

4. **Visualiza cómo las cosas pueden salir bien.** La visualización puede ser una gran aliada, pero debe ser una visualización realista. Si visualizas algo en el futuro que quieres que ocurra, algo que deseas y te lo imaginas, eso va a activar en el cerebro tu actitud proactiva. Entonces te vas a encaminar hacia ello, porque es más fácil ponerte a caminar hacia algo que tú sientes que es alcanzable que hacia algo que no lo es. Se trata de una técnica psicoterapéutica que se emplea con frecuencia en consulta. Las visualizaciones también pueden ayudarnos a plantearnos objetivos. Trabajar para conseguir objetivos alcanzables puede darnos la sensación de logro, y eso nos hará sentir más optimistas.

5. **Reconoce lo que pasa a tu alrededor y no puedes controlar.** Es cierto que el mundo está lleno de desafíos y problemas que parecen desbordarnos: injusticias sociales, conflictos internacionales, crisis económicas... Todo esto puede hacernos sentir impotentes, sobre todo cuando no está en nuestras manos cambiar las cosas. Es completamente humano tener una reacción emocional negativa ante estas situaciones, pero también es importante reflexionar sobre cómo elegimos enfrentarlas.

Quiero compartir una experiencia personal que me ayudó a entender esta lección. Hace algunos años, tenía la costumbre de escuchar la radio todas las mañanas mientras me preparaba para ir al hospital. Era mi rutina diaria: café, tostadas y las noticias. Pero, con el tiempo, empecé a notar algo. Llegaba al hospital con un ánimo extraño, entre indignado y pesimista. Había escuchado tantas malas noticias, tanta corrupción, guerras, injusticias... Me sentía tan impotente ante todo lo que oía, y esa sensación empezaba a filtrarse en mi día a día. Recuerdo un momento muy revelador. Un día, después de una mañana cargada de noticias negativas, noté que estaba más irritable con mis colegas. Me descubrí hablando con un compañero y diciendo: «¿Te has enterado de lo que están haciendo ahora? ¡Es una vergüenza!». Él me miró con calma y me dijo: «Sí, es terrible, pero... ¿cómo afecta eso a lo que estamos haciendo aquí con nuestros pacientes?». Esa pregunta me dejó sin palabras.

Algunos días más tarde, me senté a reflexionar. Me di cuenta de que empezaba el día con el pie izquierdo: cabreado, triste y pesimista. Y lo peor era que esa actitud no solo me afectaba a mí, sino también a las personas que estaban a mi alrededor, en el hospital y en casa. Estaba dejando que algo que no podía controlar definiera mi comportamiento y mi ánimo. Decidí tomar una decisión drástica: dejé de escuchar la radio por las mañanas. Cambié las noticias por música, algo que me hiciera sentir más ligero y positivo al empezar el día. Y la diferencia fue inmediata. No solo me sentía más tranquilo, sino que también podía enfrentar los problemas de mi día a día con mayor energía y claridad. No cambié el mundo, pero cambié mi mundo.

Esa experiencia me enseñó algo fundamental: no podemos controlar lo que ocurre en el mundo, pero sí podemos controlar cómo elegimos reaccionar ante ello. Ser optimistas no significa ignorar las dificultades, sino decidir conscientemente no dejarnos arrastrar por ellas. No resolvemos ningún problema sintiéndonos agotados o llevando esa carga emocional a quienes nos rodean. Al contrario, si logramos cuidar nuestra actitud, podemos enfrentar los desafíos con más claridad y, quizá, incluso inspirar a otros a hacer lo mismo.

Sin caer en una positividad infantil o incluso tóxica, que considera las emociones negativas como un fracaso o una debilidad, recomiendo el ejercicio de reflexionar sobre «lo bueno que nos ocurre cada día».

LA VIDA *SIEMPRE* TIENE SENTIDO

Viktor Frankl, psiquiatra austriaco y sobreviviente del Holocausto, nos dejó una lección poderosa y atemporal: incluso en las circunstancias más extremas, la vida tiene sentido. En su libro *El hombre en busca de sentido*, Frankl relata su experiencia como prisionero en los campos de concentración nazis, donde descubrió que el mayor desafío no era físico, sino espiritual y psicológico. Aquellos que lograron encontrar un propósito, algo por lo que vivir, tuvieron más posibilidades de sobrevivir.

Frankl observó un fenómeno inquietante durante una Navidad en el campo. Muchos prisioneros murieron en esos días, no por la falta de comida o el frío extremo, sino porque habían depositado toda su esperanza en ser rescatados antes de las fiestas navideñas. Cuando ese milagro no llegó, se vieron consumidos por el pesimismo y la desesperación. Este episodio ilustra cómo la pérdida de sentido puede drenar nuestra vitalidad, mientras que la esperanza nos da fuerzas incluso en medio de la oscuridad más profunda. Para Frankl, la clave para enfrentar cualquier adversidad radica en encontrar un propósito que nos impulse hacia el futuro. En su caso, a menudo imaginaba a su esposa esperándolo fuera del campo o pensaba en los libros que quería escribir para compartir sus ideas sobre la resiliencia humana. Estos pensamientos le daban motivos para seguir adelante, convirtiéndose en una fuente de energía emocional que ningún guardia ni campo de concentración podía arrebatarle.

Frankl nos enseñó que no siempre podemos controlar las circunstancias, pero podemos elegir nuestra actitud frente a ellas. Aunque la vida nos arrebate todo lo material, todavía conservamos la libertad interior para decidir cómo responder. Esa libertad, ese poder de dar significado incluso a las situaciones más dolorosas, es lo que nos convierte en seres humanos extraordinarios. En un mundo que a menudo parece caótico y lleno de incertidumbre, las enseñanzas de Frankl son un faro de esperanza. Nos recuerdan que el sentido de la vida no se encuentra en la ausencia de problemas, sino en nuestra capacidad para enfrentarlos con dignidad, valor y propósito. La vida, en cualquier circunstancia, tiene sentido, si decidimos otorgárselo.

EL OPTIMISMO, UN ELIXIR PARA LA SALUD AVALADO POR LA CIENCIA

El optimismo no es solo una cuestión de actitud, sino una poderosa herramienta que impacta directamente en nuestra salud y bienestar, tal como demuestran estudios científicos de primer nivel. Durante el otoño de 2023, tuve la oportunidad de realizar una estancia de investigación en la prestigiosa Escuela de Salud Pública de Harvard, cuna de algunas de las investigaciones más fascinantes sobre el impacto del optimismo en la salud. Allí, rodeado de investigadores de renombre mundial, confirmé lo que intuía como psiquiatra: mantener una actitud optimista puede cambiar nuestra vida, literalmente.

Uno de los estudios más amplios y reveladores, liderado por investigadoras como las doctoras Hayami Koga y Laura Kubzansky, analizó los datos de 159.255 mujeres de diferentes orígenes raciales durante décadas. Este estudio, publicado en *The Journal of the American Geriatrics Society*, demostró que las mujeres más optimistas tenían entre un 5,4 y un 10% menos de riesgo de muerte por enfermedades como las cardiovasculares, respiratorias o incluso cáncer. Aún más impactante fue que las optimistas tenían un 15% más probabilidades de alcanzar los noventa años. Lo que hace único este estudio es que los beneficios del optimismo se observaron incluso al controlar factores como el nivel socioeconómico, el acceso a la salud y otros hábitos saludables, lo que subraya que la actitud mental puede ser tan importante como la genética o el estilo de vida.

Otro estudio fascinante, liderado por la doctora Lewina Lee y publicado en *The Journals of Gerontology*, siguió a 233 hombres mayores durante más de dos décadas. Este análisis descubrió que los hombres con niveles más altos de optimismo experimentaban menos estrés en su vida diaria y disfrutaban de más emociones positivas. Además, tenían una recuperación emocional más efectiva tras situaciones adversas. Lo sorprendente fue que este efecto protector no estaba relacionado con una «falta de estrés», sino con una capacidad superior para gestionar las dificultades diarias y mantener un equilibrio emocional saludable. Este estudio no solo muestra el impacto del optimismo en la vejez, sino que también destaca cómo esta cualidad puede ayudar a preservar la salud mental y física durante décadas.

El optimismo, como bien dicen los investigadores de Harvard, es una herramienta accesible y transformadora. No es una fórmula mágica, pero sí un camino probado para vivir mejor y más plenamente. Desde las universidades más avanzadas hasta las consultas médicas, la evidencia es clara: cada paso hacia el optimismo es un paso hacia una vida más sana y feliz.

PENSAR EN POSITIVO PUEDE PROTEGER TU CORAZÓN

En 2019, unos cardiólogos del prestigioso hospital Mount Sinai de Nueva York publicaron un metaanálisis junto con colegas de las universidades de Brown y de Harvard en el que estudiaron la asociación entre el optimismo, el riesgo cardiovascular y la mortalidad. Hicieron un análisis pormenorizado de quince estudios que habían seguido en el tiempo a 229.391 participantes. El seguimiento en el tiempo fue variable, pero en algunos casos se prolongó no menos de ¡cuarenta años! En los análisis encontraron una fuerte asociación entre el optimismo, un menor riesgo cardiovascular (infarto de miocardio o accidente cerebrovascular, entre otros) y una menor mortalidad.

Para entender la importancia de estos resultados quizá merezca la pena explicar lo difícil que es hacer un metaanálisis y publicar en esta revista (acepta solo el 12 % de los artículos). En mi opinión, lo más importante de este hallazgo es que *el optimismo es un rasgo de personalidad modificable.* Se pueden hacer intervenciones tanto a nivel individual como a nivel de sociedad para tratar de cambiar la cultura actual, en la que predominan la queja y el pesimismo, por una mentalidad más optimista. Debemos promover intervenciones dirigidas a potenciar el optimismo y reducir el pesimismo. Este efecto se debe a que las personas optimistas habitualmente se cuidan más: hacen más ejercicio físico, cuidan más su dieta, fuman menos cigarrillos, etc. Por otro lado, el pesimismo contribuye a la generación de muchas enfermedades crónicas. El pesimismo aumenta la inflamación, genera alteraciones en la hemostasia, en la función endotelial y en la función metabólica, afecta negativamente a la actividad de la telomerasa y la longitud de los telómeros, aumenta la presión arterial y las hormonas del estrés. Comparte muchos de los efectos negativos de la depresión. El optimismo nos ayuda a establecer metas, resolver problemas y afrontar situaciones difíciles.

PONTE A PRUEBA

El Life Orientation Test – Revised (LOT-R) es una prueba psicológica diseñada para medir el optimismo y el pesimismo de una persona. Fue desarrollada por Michael Scheier y Charles Carver en 1985 y más tarde revisada. La versión revisada (LOT-R) incluye diez ítems. Las preguntas se deben responder con una puntuación entre el 1 (totalmente en desacuerdo) y el 5 (totalmente de acuerdo), según el grado de conformidad que se tiene con el enunciado de la pregunta.

Pregunta	
1. En mi vida, las cosas tienden a salir bien.	
2. Generalmente, tengo una actitud positiva hacia las cosas.	
3. En mi vida, las cosas suelen salir mal.	
4. A veces, no puedo evitar preocuparme por las cosas.	
5. En general, las cosas tienden a salir de forma positiva para mí.	
6. Me parece que la vida es más difícil que fácil.	
7. Soy optimista sobre mi futuro.	
8. A veces, pienso que no importa lo que haga, las cosas no van a mejorar.	
9. Estoy seguro de que todo saldrá bien en mi vida.	
10. Puedo confiar en que las cosas se resolverán favorablemente para mí.	

Interpreta tus propios resultados. Para conocer tu puntuación total, debes sumar las puntuaciones de las diez preguntas, teniendo en cuenta que las preguntas negativas (3, 4, 6, 8) deben ser puntuadas de forma inversa porque una puntuación más alta indica mayor pesimismo, y una más baja refleja mayor optimismo; es decir, 1 = 5, 2 = 4, 3 = 3, 4 = 2, 5 = 1. Una puntuación alta (más cercana a 30) indica un alto optimismo, mientras que una puntuación baja (más cercana a 10) indica pesimismo.

LO QUE BUSCA LA NASA PARA CONQUISTAR EL ESPACIO

La NASA, famosa por su meticulosidad al seleccionar astronautas, reconoce que el optimismo no es solo un rasgo deseable, sino una habilidad clave para el éxito en misiones espaciales. Entre las cinco habilidades más valoradas en sus candidatos, el talante optimista ocupa un lugar destacado, junto con las técnicas, la capacidad de trabajo en equipo, la inteligencia emocional y la resiliencia.

Esto tiene mucho sentido: en el entorno extremo y aislado del espacio, los astronautas enfrentan desafíos constantes, desde problemas técnicos hasta largos periodos de confinamiento. El optimismo permite no solo mantener la calma bajo presión, sino también abordar los problemas con creatividad y encontrar soluciones donde otros podrían rendirse. Es una habilidad esencial para fomentar la moral del equipo y mantener una mentalidad constructiva, incluso en los momentos más críticos. Además, los estudios que hemos comentado sobre los beneficios del optimismo también se aplican aquí. Una actitud optimista puede ayudar a los astronautas a manejar mejor el estrés, mantener un equilibrio emocional y recuperarse más rápido de contratiempos. La NASA sabe que el éxito de una misión no depende solo de la tecnología más avanzada, sino también de las mentes y los corazones optimistas que la llevan a cabo. La NASA valora en sus astronautas el optimismo tanto como la inteligencia.

ENFRENTAR NUESTRAS DIFICULTADES

A veces, las batallas que libramos, como individuos o como sociedad, parecen insuperables. Aunque hay mucho a nuestro alrededor que es bueno, algunos problemas y conflictos —personales, relacionales, políticos— pueden parecer imposibles de resolver. Pero eso no significa que debamos quedarnos paralizados. Incluso en los momentos más difíciles, se puede ser optimista.

Los psicólogos y psiquiatras suelen considerar el optimismo como un *activo psicológico*, y hay investigaciones empíricas que respaldan sus efectos beneficiosos para la salud. Sin embargo, los filósofos tienden a ser más escépticos respecto al optimismo. Muchos filósofos consideran que el optimismo es una «deficiencia epistémica». Si tendemos a pensar que un resultado positivo es más probable de lo que realmente es, entonces no tenemos una visión racional de la situación. Si bien hay algo de cierto en esta perspectiva filosófica, la imagen es, en realidad, algo más compleja. Existen diversas formas de optimismo, y algunas de ellas son, de hecho, racionales. Un hecho intrigante sobre el optimismo es que, al menos en Occidente, tiende a aumentar (no a disminuir) con la educación. Esto podría parecer inusual si el optimismo fuera siempre irracional. Necesitamos optimismo racional —como los tipos explicados previamente— para enfrentar los numerosos desafíos de la sociedad actual. En muchos aspectos, somos una sociedad dividida y polarizada, y puede ser difícil tener esperanza.

En mi vida profesional trato de diversificar y compartimentar mis fuentes de satisfacción. Trato de distribuir mi tiempo y mis energías en los diferentes ámbitos de mi profesión y con diferentes personas, ya que me ayuda a equilibrar y compensar las alegrías, decepciones, tristezas, adversidades y éxitos de la vida

EL OPTIMISMO EN EL AULA: UN CAMINO HACIA EL ÉXITO ACADÉMICO

El optimismo no solo es útil en la vida cotidiana, sino que también juega un papel crucial en el ámbito académico. Un estudio publicado en la revista *Learning and Individual Differences* exploró cómo esta actitud afecta el rendimiento de estudiantes universitarios y encontró resultados fascinantes que tienen implicaciones prácticas para la educación y el desarrollo personal.

En este estudio, los investigadores examinaron a un grupo de estudiantes durante un semestre universitario y evaluaron su nivel de optimismo a través de cuestionarios psicológicos estandarizados. Además, monitorearon sus calificaciones, estrategias de estudio y forma de enfrentar los desafíos académicos. Lo más interesante fue que, incluso al controlar factores como el coeficiente intelectual y el tiempo dedicado al estudio, los estudiantes con una mentalidad más optimista obtenían un mejor rendimiento académico. ¿Por qué sucede esto?

El optimismo afecta el rendimiento académico de tres maneras principales:

1. **Manejo del estrés.** Los estudiantes optimistas enfrentaban los exámenes y proyectos con menos ansiedad, lo que les permitía concentrarse mejor. Mientras que los estudiantes pesimistas se preocupaban excesivamente por los posibles fracasos, los optimistas veían los desafíos como oportunidades para aprender y crecer.

2. **Resiliencia ante contratiempos.** Cuando obtenían una mala calificación, los optimistas interpretaban el resultado como algo temporal y específico. Por ejemplo, pensaban: «No estudié lo suficiente para este examen», en lugar de asumir que era una señal de incapacidad general, como po-

dría pensar un estudiante pesimista. Esta interpretación más positiva no solo los ayudaba a mantener la motivación, sino que también los impulsaba a ajustar sus estrategias de estudio para mejorar en el futuro.

3. **Habilidades para buscar soluciones.** Los optimistas eran más propensos a buscar ayuda cuando enfrentaban dificultades, ya sea de sus profesores, compañeros o recursos en línea. Esta disposición a tomar medidas para resolver problemas les daba una ventaja significativa frente a sus pares menos optimistas.

El impacto del optimismo era particularmente notable en las asignaturas más difíciles, en las que la presión era alta y los errores podían ser desmoralizadores. Los optimistas no solo obtenían mejores calificaciones, sino que también mostraban una mayor satisfacción con su experiencia educativa, lo que los llevaba a desarrollar una relación más positiva con el aprendizaje. El mensaje de este estudio es claro: el optimismo no es solo una herramienta emocional, sino una ventaja práctica que puede marcar la diferencia en el éxito académico. La buena noticia es que, al ser una habilidad que se puede cultivar, estudiantes, profesores y padres pueden trabajar juntos para fomentar una mentalidad optimista. Estrategias como enseñar a los estudiantes a replantear sus pensamientos negativos, enfocarse en el esfuerzo en lugar de los errores y celebrar los pequeños logros pueden tener un impacto significativo.

En un mundo donde el éxito académico a menudo se mide únicamente por habilidades cognitivas, este estudio nos recuerda que nuestra actitud y forma de interpretar los desafíos también tienen un papel fundamental. Al final, como muestran los datos, no es solo cuánto estudias, sino cómo enfrentas el proceso lo que define tus resultados. Tal vez no podamos controlar cada examen o cada reto que enfrentemos, pero sí podemos decidir cómo reaccionamos, y esa decisión puede marcar toda la diferencia.

LA ILUSIÓN Y EL OPTIMISMO SON CREATIVOS

El caso de Encarta y Wikipedia es una poderosa lección sobre cómo la ilusión, el optimismo y la pasión por una visión compartida pueden superar incluso los recursos económicos y el respaldo de grandes empresas. Este ejemplo muestra que, con suficiente motivación y un propósito claro, incluso los proyectos que parecen modestos pueden transformar el mundo.

Encarta, lanzada en 1993 por Microsoft, era una enciclopedia digital que tenía todo lo necesario para triunfar: el respaldo de una de las empresas más grandes y exitosas del mundo, un presupuesto multimillonario, acceso a expertos y el prestigio de basarse en modelos tradicionales de enciclopedias como *Britannica*. Sin embargo, Encarta tenía una limitación importante, y es que era un proyecto cerrado, centralizado y comercial. Los usuarios debían pagar por acceder a su contenido, y la creación de artículos dependía en exclusiva de un grupo limitado de profesionales. Esto restringía su crecimiento y su alcance.

Por otro lado, en 2001 nació Wikipedia, un proyecto que a simple vista parecía destinado al fracaso. No tenía respaldo económico ni un equipo de expertos contratados, y dependía exclusivamente de la colaboración altruista de personas de todo el mundo. Sin embargo, Wikipedia contaba con algo que Encarta no tenía: una visión inspiradora y una ilusión colectiva. La idea de crear una enciclopedia universal, gratuita y accesible para todos motivó a millones de personas a contribuir con su tiempo, conocimientos y esfuerzo. Wikipedia no ofrecía dinero, pero ofrecía un propósito:

democratizar el conocimiento y hacerlo accesible para cualquiera, en cualquier lugar. Con el tiempo, el optimismo y la pasión de la comunidad global que apoyaba Wikipedia demostraron ser más poderosos que los recursos de Microsoft. Encarta cerró en 2009, mientras que Wikipedia se convirtió en la enciclopedia más grande y consultada de la historia, con más de trescientos idiomas y millones de artículos. Este resultado no solo demuestra la fuerza del trabajo en equipo y el poder de una visión compartida, sino que también nos enseña que el entusiasmo y la convicción pueden superar cualquier obstáculo. Lo que realmente marca la diferencia es la capacidad de soñar, de entusiasmarse y de trabajar por un propósito. Si se puede imaginar algo grande y se tiene la determinación de perseguirlo con pasión, se podrán lograr cosas extraordinarias, incluso si se comienza con pocos recursos. Wikipedia es la prueba viviente de que la ilusión y el optimismo, combinados con esfuerzo colectivo, tienen el poder de cambiar el mundo.

ENCONTRAR OPORTUNIDADES EN LAS CRISIS: AIRBNB Y BLUESPACE

En momentos de crisis, como las recesiones económicas, es fácil sentirse desanimado y pensar que no hay oportunidades para salir adelante. Sin embargo, hay historias que demuestran que, incluso en los tiempos más difíciles, la creatividad, la determinación y la capacidad de adaptarse pueden dar lugar a grandes éxitos. En este capítulo os quiero contar dos historias inspiradoras: la de Airbnb y la de Bluespace, dos empresas que nacieron en medio de crisis económicas y lograron transformar desafíos en oportunidades.

El caso de Airbnb, transformar una necesidad en un fenómeno global

En 2008, el mundo estaba inmerso en una crisis financiera global. En este contexto, dos jóvenes, Brian Chesky y Joe Gebbia, se encontraban enfrentando dificultades para pagar el alquiler de su apartamento en San Francisco. En lugar de rendirse, pensaron en una idea sencilla pero revolucionaria: ¿qué tal si ofrecían espacio en su apartamento para alojar visitantes de la ciudad? Compraron colchones inflables, crearon una página web llamada «AirBed & Breakfast» y empezaron a recibir huéspedes. Lo que comenzó como una solución temporal se convirtió en una empresa multimillonaria. Chesky y Gebbia entendieron que las personas querían formas más económicas y personalizadas de viajar, en especial en tiempos de crisis. Con trabajo duro y fe en su idea, construyeron lo que hoy conocemos como Airbnb, una plataforma global que conecta millones de anfitriones y viajeros, y que transformó por completo la industria del turismo.

Personalmente, además de admirarlos, les estoy muy agradecido porque Airbnb me parece la mejor modalidad para viajar con hijos.

Bluespace: innovación en tiempos de necesidad

Muy cerca del aeropuerto Adolfo Suárez Madrid-Barajas existen unos almacenes de Bluespace. Mi madre, que es economista, me contó la apasionante historia de esta empresa, que me dejó deslumbrado por su creatividad y capacidad de adaptación. Bluespace es una empresa que nació durante la fuerte crisis económica e inmobiliaria que golpeó a España, cuando muchas personas tuvieron que dejar sus pisos alquilados y regresar a casa de sus padres. Esto generó una necesidad: ¿dónde guardar todas las pertenencias acumuladas durante años? Inspirados en el concepto de *autoalmacenaje* que ya era popular en otros países, Bluespace ofreció una solución ingeniosa y práctica: alquiler de trasteros. Lo que parecía una idea modesta se convirtió en un éxito, pues ayudó a miles de personas a encontrar un espacio seguro para sus cosas mientras reestructuraban su vida. Además, Bluespace demostró que, incluso en momentos de crisis e incertidumbre, entender las necesidades de las personas y ofrecer soluciones específicas puede ser el camino hacia un negocio próspero.

PATOLÓGICAMENTE OPTIMISTA

Así quiero ser. El optimismo «patológico» no se limita a mantener una visión positiva del futuro, sino que enfrenta las dificultades con la firme intención de salir fortalecido de ellas. Aquí entra en juego el concepto de *antifragilidad*, que va más allá de la resiliencia. Mientras que la resiliencia implica resistir las adversidades y mantenerse intacto, la antifragilidad implica crecer y mejorar gracias a ellas. Es como si, en lugar de ser una caja con la advertencia de «frágil», fuéramos algo que se hace más fuerte y valioso con cada golpe. Las personas antifrágiles no solo soportan las tormentas de la vida, las utilizan para forjar su carácter, aprender y convertirse en su mejor versión. Este enfoque nos recuerda que las grandes habilidades y virtudes no nacen en la comodidad, sino en la dificultad. Los grandes marineros, como dice el proverbio, no se forjan en mares tranquilos, sino en las tormentas más desafiantes. De manera similar, las personas que abrazan el optimismo activo no buscan evitar los problemas, sino que se enfrentan a ellos con la certeza de que son una oportunidad para crecer. Adoptan una actitud que combina el esfuerzo consciente y el deseo de mejorar, sabiendo que las adversidades pueden ser maestros invaluables.

Las personas que más nos inspiran suelen ser aquellas que no solo han sobrevivido a la adversidad, sino que han prosperado gracias a ella. Pensemos en líderes que han transformado grandes crisis en oportunidades, o en figuras que han usado sus experiencias difíciles para inspirar a otros. Por ejemplo, Nelson Mandela, después de pasar veintisiete años en prisión, no salió quebrado ni amargado. En cambio, emergió con una visión más amplia y una voluntad inquebrantable de construir un país mejor. Estas historias nos enseñan que el optimismo patológico, combinado con antifragilidad, no solo es una manera de resistir la vida, sino de conquistarla.

En última instancia, el optimismo activo nos invita a redefinir nuestra relación con los retos. En lugar de verlos como amenazas, podemos entenderlos como oportunidades para fortalecer nuestro carácter y alcanzar nuevos niveles de crecimiento. Es una invitación a desarrollar una mentalidad que no se ofende fácilmente, que no se quiebra ante el primer obstáculo y que, al igual que un buen marinero, aprende a navegar en los mares más difíciles con habilidad, coraje y confianza. Esta mentalidad no solo nos ayuda a enfrentar la adversidad, sino que nos convierte en un faro de esperanza y fortaleza para quienes nos rodean.

El optimismo es una herramienta poderosa para «fabricar» suerte. Las personas optimistas están más atentas a las oportunidades y son más propensas a aprovecharlas cuando se presentan. Este concepto se puede aplicar a muchos aspectos de la vida. La preparación y el esfuerzo no eliminan el factor del azar, pero sí aumentan las probabilidades de que las circunstancias nos favorezcan.

VEINTICINCO COSAS QUE DEBERÍAS DESAPRENDER

En resumen, a la luz de todo lo recorrido en los capítulos anteriores, para llevar una vida mejor deberías:

1. Desaprender que podemos atender varias cosas importantes a la vez

El *multitasking* no es una habilidad superior, sino una fuente constante de fragmentación mental. El cerebro no hace varias cosas complejas a la vez: cambia rápidamente de una a otra, pagando un coste en atención, energía y profundidad. Cuando desaprendemos el *multitasking*, ganamos claridad, reducimos la fatiga mental y mejoramos la calidad de lo que hacemos.

Beneficio: más concentración, menos agotamiento y una sensación real de avanzar.

Propósito práctico: durante tareas relevantes (trabajo intelectual, conversación importante, lectura), haz una sola cosa y elimina estímulos paralelos.

Señal de que vas bien: notas más sensación de «haber terminado algo».

2. Desaprender a llevarte el móvil a la cama

La cama debería ser un lugar asociado al descanso, la desconexión y, cuando existe, la intimidad. Introducir el móvil altera esa asociación: luz, contenido emocional, comparación social, mensajes pendientes...; todo mantiene el sistema nervioso activado. Además, el hábito de «mirar una última cosa» suele convertirse en veinte minutos, y luego en una hora. Dejar el móvil fuera de la cama no es rigidez: es higiene mental y emocional.

Beneficio: mejor sueño, menos rumiación, mayor conexión emocional.

Propósito práctico: deja el móvil fuera del dormitorio o, al menos, fuera del alcance de la mano.

Señal de que vas bien: te duermes antes y tu descanso es más reparador.

3. Desaprender a empezar y terminar el día mirando una pantalla

Cuando abrimos el día con pantallas entramos en modo reactivo: el mundo decide por nosotros qué sentir y en qué pensar. Si lo cerramos igual, el cerebro no tiene ritual de salida, no integra y no baja revoluciones. Esto incrementa la ansiedad basal y la sensación de desorden interno. Recuperar un inicio y un cierre propios (aunque sean diez minutos) devuelve control y calma.

Beneficio: menor ansiedad basal, mayor sensación de autonomía.

Propósito práctico: reserva 10-15 minutos al despertar y antes de dormir sin pantallas.

Señal de que vas bien: más dominio sobre tus primeros pensamientos por la mañana y menos rumiación por la noche.

4. Desaprender a usar la tecnología como sustituto del pensamiento

Consultar es útil, pero sustituir el pensamiento por consulta constante empobrece. Si delegamos siempre recordar, planificar, elegir o comprender, dejamos de entrenar funciones cognitivas básicas y también la elaboración emocional. Pensar requiere cierta incomodidad: sostener dudas, ordenar ideas, soportar silencios. Usar la tecnología como aliada y no como muleta preserva la autonomía mental.

Beneficio: pensamiento más profundo, más criterio propio, más confianza en uno mismo.

Propósito práctico: antes de buscar una respuesta, piensa unos minutos y escribe qué crees tú.

Señal de que vas bien: aumenta tu confianza para opinar y decidir sin consultar constantemente.

5. Desaprender a vivir permanentemente interrumpidos

Las interrupciones constantes sostienen un estado de alerta leve pero continuo. Este estado no solo reduce la productividad, sino que aumenta la irritabilidad y la fatiga emocional, porque el cerebro nunca «aterriza». Además, genera una sensación engañosa de urgencia permanente. Recuperar bloques de atención sostenida es una forma de descanso cognitivo.

Beneficio: más enfoque, menos estrés, más eficacia.

Propósito práctico: bloquea al menos un tramo diario sin notificaciones.

Señal de que vas bien: mayor profundidad y sensación de continuidad en lo que haces.

6. Desaprender que todo es urgente

La urgencia crónica no es un problema de agenda, sino de jerarquía mental. Cuando todo parece urgente, el cerebro no discrimina y vive como si estuviera constantemente «apagando fuegos». Eso dispara la ansiedad y reduce la capacidad de pensar con perspectiva. Aprender a distinguir lo «importante» de lo «urgente» protege el ánimo y mejora las decisiones.

Beneficio: menos presión interna, más control, mejor calidad de elección.

Propósito práctico: pregúntate conscientemente: «¿Esto es urgente o solo lo parece?».

Señal de que vas bien: disminuye la sensación de ir «apagando fuegos» todo el día.

7. Desaprender que «si no es ahora, ya no será»

El «ahora o nunca» es un sesgo psicológico que alimenta la impulsividad y el FOMO. Convertimos decisiones ordinarias en decisiones dramáticas: si no voy, si no hago, si no compro, pierdo una oportunidad vital. Ese marco hace que renunciar parezca fracaso y esperar parezca cobardía. Reintroducir la idea de «puedo hacerlo más adelante» reduce la ansiedad y mejora la coherencia con los propios valores.

Beneficio: menos angustia anticipatoria, más calma, más criterio.

Propósito práctico: permítete decir «ahora no» sin justificarte.

Señal de que vas bien: menos ansiedad por perder oportunidades y decisiones más serenas.

8. Desaprender a llenar cada hueco de la agenda

Los huecos son necesarios para integrar la vida. Sin espacios no planificados, el cerebro no asienta lo vivido, no procesa emociones y no se escucha. Cuando la agenda está saturada, lo que aparece es una forma moderna de vacío: no por falta de cosas, sino por falta de interioridad. Reaprender a dejar huecos no es pereza, sino salud mental preventiva.

Beneficio: más creatividad, mejor regulación emocional, sensación de respiración interna.

Propósito práctico: deja espacios sin plan en tu semana.

Señal de que vas bien: te sientes menos saturado y más creativo.

9. Desaprender a huir del aburrimiento a toda costa

El aburrimiento es incómodo porque nos devuelve a nosotros mismos. Si lo tapamos siempre con estímulos, entrenamos una mente dependiente de entretenimiento externo y menos capaz de sostener el silencio. Esto se asocia a la impulsividad, la dificultad para leer en profundidad y una menor tolerancia a la frustración. Permitir algo de aburrimiento enseña a esperar, a desear con criterio y a descubrir necesidades reales.

Beneficio: más autonomía emocional, más capacidad de concentración.

Propósito práctico: tolera ratos sin estímulo (caminar sin auriculares, esperar sin móvil).

Señal de que vas bien: mayor capacidad de estar contigo mismo sin inquietud.

10. Desaprender a vivir comparándonos constantemente

La comparación social sostenida convierte la autoestima en una variable externa. Además, comparamos nuestra vida real con la vida editada de otros, lo que distorsiona la percepción y alimenta la sensación de insuficiencia. La comparación no solo genera envidia, también puede generar vergüenza, ansiedad y necesidad de demostrar. Recuperar la referencia interna (qué quiero yo, qué valoro yo) estabiliza el ánimo.

Beneficio: más serenidad, menos inseguridad, decisiones más auténticas.

Propósito práctico: reduce la exposición a entornos que activan la comparación (sobre todo en las redes).

Señal de que vas bien: tu estado de ánimo depende menos de lo que hacen otros.

11. Desaprender a medir la vida por lo visible

Lo visible (viajes, planes, logros expuestos) es solo una parte de la vida, y a veces ni siquiera la más importante. Cuando medimos el valor por lo mostrable, empezamos a despreciar lo invisible: descanso, vínculos, profundidad, coherencia. Esto empuja a vivir hacia fuera y debilita la satisfacción interna. Aprender a valorar lo no exhibible protege la identidad.

Beneficio: menos presión social, más bienestar silencioso, vida más auténtica.

Propósito práctico: valora conscientemente lo que no se muestra (descanso, coherencia, vínculos).

Señal de que vas bien: menor necesidad de demostrar y más satisfacción silenciosa.

12. Desaprender a convertir la intimidad en contenido

La intimidad —emocional, familiar, de pareja— necesita un «lugar seguro» para crecer. Si la convertimos en material, pierde espontaneidad y se contamina con la mirada ajena. Además, la exposición constante puede generar dependencia de validación y dificultar la autenticidad (vivimos pensando cómo se verá). Reservar partes de la vida para uno mismo no es esconder, es cuidar.

Beneficio: identidad más sólida, más seguridad interna, menos ansiedad social.

Propósito práctico: reserva partes de tu vida sin compartirlas.

Señal de que vas bien: relaciones más seguras y menos dependencia de la validación externa.

13. Desaprender a opinar de todo y todo el tiempo

Opinar sin pausa puede parecer pensamiento crítico, pero a menudo es reactividad. El cerebro saturado necesita descargar, y la opinión inmediata es una forma de descarga emocional. Esto aumenta la polarización, la tensión interna y el desgaste social. Aprender a callar, a leer más, a dudar más, es una forma de higiene mental: pensar antes de emitir.

Beneficio: pensamiento más reflexivo, menos impulsividad, relaciones menos tensas.

Propósito práctico: antes de opinar, pregúntate si aporta algo o solo descarga tensión.

Señal de que vas bien: menos reactividad y más claridad mental.

14. Desaprender que poner límites es egoísmo

No poner límites suele empezar como amabilidad y acabar como resentimiento. Los límites ordenan: delimitan lo que puedo y lo que no, aclaran qué necesito y además enseñan a los demás cómo tratarnos. Sin límites, la persona se desdibuja y vive en modo complacencia, lo que suele aumentar la ansiedad y el agotamiento. Poner límites con respeto es una forma de autocuidado y también de honestidad.

Beneficio: menor agotamiento, vínculos más sanos, mayor autoestima.

Propósito práctico: expresa límites claros sin justificarte en exceso.

Señal de que vas bien: menos resentimiento y relaciones más equilibradas.

15. Desaprender que renunciar es perder

Renunciar, psicológicamente, es elegir una prioridad. El problema no es renunciar, sino hacerlo sin querer, por presión, o renunciar tarde, cuando ya estamos agotados. En una cultura que glorifica vivirlo todo, renunciar se percibe como derrota. Pero es justo lo contrario, se trata de una forma de seleccionar lo que merece energía.

Beneficio: vida más coherente, menos dispersión, más sentido.

Propósito práctico: elige conscientemente a qué dices que no para proteger lo importante.

Señal de que vas bien: más coherencia entre lo que haces y lo que valoras.

16. Desaprender a satisfacer cada deseo inmediatamente

La gratificación inmediata entrena un circuito simple: deseo → acción → recompensa. Con el tiempo, ese circuito reduce la tolerancia a la frustración y hace que la espera sea vivida como amenaza. Retrasar la gratificación no elimina el placer, sino que lo hace más consciente y menos adictivo. Además, fortalece el autocontrol, que es uno de los pilares del carácter.

Beneficio: más dominio de uno mismo, menos impulsividad, mayor madurez emocional.

Propósito práctico: retrasa pequeñas gratificaciones de forma intencional.

Señal de que vas bien: mayor autocontrol y menos impulsividad.

17. Desaprender que más experiencias equivalen a una mejor vida

El exceso de experiencias sin pausa impide integrar, pues se acumulan fotos, pero no significado. La mente necesita reposo para transformar vivencias en aprendizaje y recuerdos con sentido. Cuando vivimos en modo «siguiente plan», aparece un vacío paradójico: mucho movimiento, poca profundidad. Elegir menos experiencias permite vivirlas mejor, con más presencia.

Beneficio: más disfrute real y mayor sensación de plenitud.

Propósito práctico: elige menos planes, pero vívelos con más presencia.

Señal de que vas bien: menos vacío tras el ocio y más recuerdo significativo.

18. Desaprender a confundir disfrute con exceso

El exceso no aumenta el placer. El placer necesita contraste, pues, si todo es intenso, el sistema de recompensa se embota y pide más para sentir lo mismo. Esto ocurre con comida, ocio, estímulos digitales e incluso emociones. La sobriedad introduce pausas que devuelven sensibilidad: hace que lo sencillo vuelva a saber. No es renunciar al disfrute, es recuperarlo.

Beneficio: placer más genuino, menor sensación de anestesia, mejor regulación del deseo.

Propósito práctico: introduce sobriedad en la comida, el ocio y el consumo.

Señal de que vas bien: recuperas la capacidad de disfrutar de lo sencillo.

19. Desaprender a vivir para impresionar

Cuando vivimos para impresionar, el centro de gravedad de la vida se desplaza: ya no importa tanto lo que sentimos, sino lo que proyectamos. Eso genera ansiedad, comparación, inseguridad y necesidad constante de actualización. Además, la ostentación rompe vínculos y genera resentimiento (como vimos con el ejemplo del jefe con el Maserati). La discreción, en cambio, protege la calma y la dignidad.

Beneficio: más libertad psicológica, menor dependencia del juicio ajeno.

Propósito práctico: practica la discreción, no todo necesita ser mostrado.

Señal de que vas bien: más libertad psicológica y menos comparación.

20. Desaprender a convertir el ocio en rendimiento

Si cada comida, viaje o plan se convierte en «algo que hay que aprovechar», el ocio deja de restaurar. Se transforma en un trabajo encubierto: planificar, documentar, mostrar, comparar. El descanso auténtico exige inutilidad en el buen sentido, tiempo sin objetivo, sin productividad. Recuperar ocio no performativo permite que el sistema nervioso baje.

Beneficio: descanso real, menos agotamiento y mejor humor.

Propósito práctico: haz planes sin documentarlos ni optimizarlos.

Señal de que vas bien: te sientes descansado, en vez de «ocupado en descansar».

21. Desaprender a acumular contactos en lugar de cultivar vínculos

Tener muchos contactos puede dar sensación de pertenencia, pero la conexión profunda requiere tiempo, reciprocidad y continuidad. En la práctica, muchos contactos con poca profundidad pueden aumentar la sensación de soledad: mucha gente alrededor, poca presencia real. Cultivar vínculos implica elegir, invertir, sostener; es menos vistoso, pero mucho más protector para la salud mental.

Beneficio: más apoyo emocional, menos soledad.

Propósito práctico: invierte tiempo regular en pocas personas significativas.

Señal de que vas bien: menos sensación de soledad y más apoyo real.

22. Desaprender a creer que estar acompañado es no estar solo

La soledad no es solo ausencia de gente, sino ausencia de conexión significativa. Se puede estar en una casa llena o en un grupo grande y sentirse profundamente aislado si no hay intimidad emocional. Por eso la solución no es «sal más», sino «conecta mejor». Aprender a buscar presencia auténtica (y a ofrecerla) cambia el bienestar.

Beneficio: relaciones más nutritivas, menor vacío y más sentido de pertenencia.

Propósito práctico: busca conversaciones profundas, no solo compañía.

Señal de que vas bien: te sientes visto y escuchado.

23. Desaprender a relegar las relaciones a lo residual

Muchos vínculos se rompen no por conflicto, sino por abandono: «Cuando tenga tiempo...». Pero el tiempo no aparece solo, se protege. Las relaciones necesitan espacios explícitos, precisan llamadas, planes tranquilos, visitas, rituales. Priorizar vínculos no es un lujo, sino uno de los mayores factores protectores frente a la depresión y la ansiedad, como se ha demostrado en este libro.

Beneficio: mayor bienestar sostenido, resiliencia y red de apoyo real.

Propósito práctico: proteger el tiempo para vínculos como prioridad, no como algo superfluo.

Señal de que vas bien: relaciones más estables y nutritivas.

24. Desaprender a confundir optimismo con negación

El optimismo sano no es pensar «todo irá bien» sin datos; más bien consiste en creer que «podré afrontarlo» incluso si va mal. La negación evita el dolor a corto plazo, pero lo agranda a largo plazo, porque impide actuar. El optimismo realista combina aceptación (esto es difícil) con agencia (puedo hacer algo). Esa combinación reduce la indefensión y protege la salud mental.

Beneficio: más resiliencia, menos victimismo, mejor afrontamiento.

Propósito práctico: nombra la dificultad y actúa dentro de lo que sí controlas.

Señal de que vas bien: menos indefensión y más resiliencia real.

25. Desaprender a vivir como si no tuviéramos margen de decisión

La sensación de no tener control es uno de los motores más potentes del malestar psicológico. No controlamos todo, pero casi siempre controlamos algo: hábitos, límites, exposición, ritmo, prioridades. Recuperar la agencia no significa culpabilizarnos, sino reconocer el pequeño margen dentro del cual sí podemos actuar. Ese margen, bien usado, transforma el bienestar.

Beneficio: más sentido, más responsabilidad sana y menos ansiedad.

Propósito práctico: identifica una decisión diaria que sí depende de ti.

Señal de que vas bien: mayor sensación de sentido, dignidad y responsabilidad personal.

En cualquier caso, no se trata de lograr grandes transformaciones ni de gestos heroicos, ni mucho menos de hacerlo de inmediato, sino de ir efectuando ajustes pequeños y conscientes que, sostenidos en el tiempo, modifiquen nuestra manera de estar en el mundo. Renunciar a ciertas inercias, revisar prioridades, aprender a poner límites o a escuchar el propio cansancio puede tener un efecto más profundo que cualquier acumulación de logros. Porque hoy el verdadero progreso no consiste en hacer más, sino en dejar de hacer lo que nos desgasta, nos dispersa o nos aleja de una vida más habitable y coherente. Te invito a probarlo.

BIBLIOGRAFÍA

Alfonso-Fuertes, I.; Álvarez-Mon, M. Á.; Sánchez del Hoyo, R.; Ortega, M. A.; Álvarez de Mon, M.; Molina-Ruiz, R. M. (2023). «Time Spent on Instagram and Body Image, Self-Esteem, and Physical Comparison Among Young Adults in Spain: Observational Study», *JMIR Formative Research*, vol. 7, e42207, <https://doi.org/10.2196/42207>.

Al-Sharman, A.; Shalash, R. J.; Omran, T. A. M.; Elsayed, R. M.; Warfa, I. A.; Adawi, W. S. E. A.; Aljaberi, A. O.; Alabdooli, A. A.; Arumugam, A.; Ramakrishnan, S.; Saad, N.; Ahbouch, A.; Bani Issa, W.; Hijazi, H.; Kim, M.; Hegazy, F.; Nashwan, A. (2025). «Exploring the Impact of Note Taking Methods on Cognitive Function Among University Students», *BMC Medical Education*, vol. 25, n.º 1, 1218, <https://doi.org/10.1186/s12909-025-07593-x>.

Álvarez de Mon, M. Á.; Sánchez-Villegas, A.; Gutiérrez-Rojas, L.; Martínez-González, M. Á. (2024). «Screen Exposure, Mental Health and Emotional Well-Being in the Adolescent Population: Is It Time for Governments to Take Action?», *Journal of Epidemiology and Community Health*, vol. 78, n.º 12, págs. 759-763, <https://doi.org/10.1136/jech-2023-220577>.

Álvarez de Mon, M. Á.; Ojeda, C.; Lara-Abelenda, F.; Asúnsolo del Barco, Á.; Fraile-Martínez, O.; García-Montero, C.; Fernández-Rojo, S.; Quintero, J.; Ortega, M. A.; Álvarez de Mon, M.; Mora, F. (2025). «Understanding the Online Landscape of Cannabis Discourse: A Twitter Analysis», *Frontiers in Public Health*, vol. 13, 1416171, <https://doi.org/10.3389/fpubh.2025.1416171>.

Basterra-Gortari, F. J.; Bes-Rastrollo, M.; Gea, A.; Núñez-Córdoba, J. M.;

Toledo, E.; Martínez-González, M. Á. (2014). «Television Viewing, Computer Use, Time Driving and All-Cause Mortality: The SUN Cohort», *Journal of the American Heart Association*, vol. 3, n.º 3, e000864, <https://doi.org/10.1161/JAHA.114.000864>.

Castillo-Toledo, C.; Donat-Vargas, C.; Montero-Torres, M.; Lara-Abelenda, F. J.; Mora, F.; Álvarez de Mon, M.; Quintero, J.; Álvarez de Mon, M. Á. (2025). «Global Influence of Cannabis Legalization on Social Media Discourse: Mixed Methods Study», *JMIR Infodemiology*, vol. 5, e65319, <https://doi.org/10.2196/65319>.

Chen, J. I.; Hooker, E. R.; Niederhausen, M.; Marsh, H. E.; Saha, S.; Dobscha, S. K.; Teo, A. R. (2020). «Social Connectedness, Depression Symptoms, and Health Service Utilization: A Longitudinal Study of Veterans Health Administration Patients», *Social Psychiatry and Psychiatric Epidemiology*, vol. 55, n.º 5, págs. 589-597, <https://doi.org/10.1007/s00127-019-01785-9>.

Chen, P.; Harris, K. M. (2019). «Association of Positive Family Relationships with Mental Health Trajectories from Adolescence to Midlife», *JAMA Pediatrics*, vol. 173, n.º 12, e193336, <https://doi.org/10.1001/jamapediatrics.2019.3336>.

Chen, Y.; Mathur, M. B.; Case, B. W.; VanderWeele, T. J. (2023). «Marital Transitions During Earlier Adulthood and Subsequent Health and Well-Being in Mid- to Late-Life Among Female Nurses: An Outcome-Wide Analysis», *Global Epidemiology*, vol. 5, 100099, <https://doi.org/10.1016/j.gloepi.2023.100099>.

Colloca, L.; Barsky, A. J. (2020). «Placebo and Nocebo Effects», *New England Journal of Medicine*, vol. 382, n.º 6, págs. 554-561, <https://doi.org/10.1056/NEJMra1907805>.

De la Rosa, P. A.; Nakamura, J.; Cowden, R. G.; Kim, E.; Osorio, A.; VanderWeele, T. J. (2025). «Longitudinal Associations of Spousal Support and Strain With Health and Well-Being: An Outcome-Wide Study of Married Older U.S. Adults», *Family Process*, vol. 64, n.º 1, e13057, <https://doi.org/10.1111/famp.13057>.

Dzhabarova, V. I.; Lur'e, A. A.; Krotov, A. I. (1986). «Eksperimental'naia khimioterapiia al'veokokkoza. Soobshchenie 9. Farmakokinetika i éffektivnost' mebendazola pri peroral'nom i vnutrimyshechnom sposobakh vvedeniia invazirovannym mysham [Experimental chemotherapy of alveococcosis. 9. The pharmacokinetics and effectiveness of mebendazole when administered by peroral and intramuscular routes to infected mice]», *Meditsinskaya Parazitologiya i Parazitarnye Bolezni*, n.º 5, págs. 63-67.

Egolf, B.; Lasker, J.; Wolf, S.; Potvin, L. (1992). «The Roseto Effect: A 50-Year Comparison of Mortality Rates», *American Journal of Public Health*, vol. 82, n.º 8, págs. 1089-1092, <https://doi.org/10.2105/ajph.82.8.1089>.

Elser, H.; Humphreys, K.; Kiang, M. V.; Mehta, S.; Yoon, J. H.; Faustman, W. O.; Matthay, E. C. (2023). «State Cannabis Legalization and Psychosis-Related Health Care Utilization», *JAMA Network Open*, vol. 6, n.º 1, e2252689, <https://doi.org/10.1001/jamanetworkopen.2022.52689>.

Fernández-Montero, A.; Moreno-Galarraga, L.; Sánchez-Villegas, A.; Lahortiga-Ramos, F.; Ruiz-Canela, M.; Martínez-González, M. Á.; Molero, P. (2020). «Dimensions of Leisure-Time Physical Activity and Risk of Depression in the "Seguimiento Universidad de Navarra" (SUN) Prospective Cohort», *BMC Psychiatry*, vol. 20, n.º 1, 98, <https://doi.org/10.1186/s12888-020-02502-6>.

Frankl, V. E. (2015). *El hombre en busca de sentido*, Barcelona: Herder Editorial.

Gobbi, G.; Atkin, T.; Zytynski, T.; Wang, S.; Askari, S.; Boruff, J.; Ware, M.; Marmorstein, N.; Cipriani, A.; Dendukuri, N.; Mayo, N. (2019). «Association of Cannabis Use in Adolescence and Risk of Depression, Anxiety, and Suicidality in Young Adulthood: A Systematic Review and Meta-Analysis», *JAMA Psychiatry*, vol. 76, n.º 4, págs. 426-434, <https://doi.org/10.1001/jamapsychiatry.2018.4500>.

Hamer, M.; Stamatakis, E. (2014). «Prospective Study of Sedentary Behavior, Risk of Depression, and Cognitive Impairment», *Medicine & Science in Sports & Exercise*, vol. 46, n.º 4, págs. 718-723, <https://doi.org/10.1249/MSS.0000000000000156>.

Hong, J. H.; Nakamura, J. S.; Berkman, L. F.; Chen, F. S.; Shiba, K.; Chen, Y.; Kim, E. S.; VanderWeele, T. J. (2023). «Are Loneliness and Social Isolation Equal Threats to Health and Well-Being? An Outcome-Wide Longitudinal Approach», *SSM – Population Health*, vol. 23, 101459, <https://doi.org/10.1016/j.ssmph.2023.101459>.

Kim, E. S.; Chopik, W. J.; Chen, Y.; Wilkinson, R.; VanderWeele, T. J. (2025). «United We Thrive: Friendship And Subsequent Physical, Behavioural And Psychosocial Health In Older Adults (An Outcome-Wide Longitudinal Approach)», *Epidemiology and Psychiatric Sciences*, vol. 32, e65, <https://doi.org/10.1017/S204579602300077X>.

Koga, H. K.; Trudel-Fitzgerald, C.; Lee, L. O.; James, P.; Kroenke, C.; Garcia, L.; Shadyab, A. H.; Salmoirago-Blotcher, E.; Manson, J. E.; Grodstein, F.; Kubzansky, L. D. (2022). «Optimism, Lifestyle, and Longevity in a Racially Diverse Cohort of Women», *Journal of the American Geriatrics Society*, vol. 70, n.º 10, págs. 2793-2804, <https://doi.org/10.1111/jgs.17897>.

Lee, L. O.; Grodstein, F.; Trudel-Fitzgerald, C.; James, P.; Okuzono, S. S.; Koga, H. K.; Schwartz, J.; Spiro, A.; Mroczek, D. K.; Kubzansky, L. D. (2022). «Optimism, Daily Stressors, and Emotional Well-Being Over Two Decades in a Cohort of Aging Men», *The Journals of Gerontology: Series B, Psychological Sciences and Social Sciences*, vol. 77, n.º 8, págs. 1373-1383, <https://doi.org/10.1093/geronb/gbac025>.

Li, S.; Hagan, K.; Grodstein, F.; VanderWeele, T. J. (2018). «Social Integration and Healthy Aging Among U.S. Women», *Preventive Medicine Reports*, vol. 9, págs. 144-148, <https://doi.org/10.1016/j.pmedr.2018.01.013>.

Martínez Alcalde, L. (2025). *El arte de no llegar a todo: Una conversación sobre la fragilidad, los sueños grandes y el caos*, España: EUNSA. Ediciones Universidad de Navarra, S.A.

Martínez-González, M. Ángel (2025). *Salmones, hormonas y pantallas: El disfrute del amor auténtico, visto desde la salud pública*, Madrid: Planeta.

Masonbrink, A. R.; Richardson, T.; Hall, M.; Catley, D.; Wilson, K. (2021). «Trends in Adolescent Cannabis-Related Hospitalizations by State Legalization Laws, 2008-2019», *Journal of Adolescent Health*, vol. 69, n.° 6, págs. 999-1005, <https://doi.org/10.1016/j.jadohealth.2021.07.028>.

Mitchell, G.; Lesch, M.; McCambridge, J. (2020). «Alcohol Industry Involvement in the Moderate Alcohol and Cardiovascular Health Trial», *American Journal of Public Health*, vol. 110, n.° 4, págs. 485-488, <https://doi.org/10.2105/AJPH.2019.305508>.

Moran, L. V.; Tsang, E. S.; Ongur, D.; Hsu, J.; Choi, M. Y. (2022). «Geographical Variation in Hospitalization for Psychosis Associated with Cannabis Use and Cannabis Legalization in the United States», *Psychiatry Research*, vol. 308, 114387, <https://doi.org/10.1016/j.psychres.2022.114387>.

Myran, D. T.; Gaudreault, A.; Konikoff, L.; Talarico, R.; Pacula, R. L. (2023). «Changes in Cannabis-Attributable Hospitalizations Following Nonmedical Cannabis Legalization in Canada», *JAMA Network Open*, vol. 6, n.° 10, e2336113, <https://doi.org/10.1001/jamanetworkopen.2023.36113>.

Myran, D. T.; Gaudreault, A.; Pugliese, M.; Tanuseputro, P.; Saunders, N. (2024). «Cannabis-Involvement in Emergency Department Visits for Self-Harm Following Medical and Non-Medical Cannabis Legalization», *Journal of Affective Disorders*, vol. 351, págs. 853-862, <https://doi.org/10.1016/j.jad.2024.01.264>.

Myran, D. T.; Roberts, R.; Pugliese, M.; Taljaard, M.; Tanuseputro, P.; Pacula, R. L. (2022). «Changes in Emergency Department Visits for Cannabis Hyperemesis Syndrome Following Recreational Cannabis Legalization and Subsequent Commercialization in Ontario, Canada», *JAMA Network Open*, vol. 5, n.° 9, e2231937, <https://doi.org/10.1001/jamanetworkopen.2022.31937>.

Nakamura, J. S.; Chen, Y.; VanderWeele, T. J.; Kim, E. S. (2022). «What Makes Life Purposeful? Identifying the Antecedents of a Sense of Purpose in Life Using a Lagged Exposure-Wide Approach», *SSM – Population Health*, vol. 19, 101235, <https://doi.org/10.1016/j.ssmph.2022.101235>.

Oredein, T.; Delnevo, C. (2013). «The Relationship Between Multiple Sexual Partners and Mental Health in Adolescent Females», *Journal of Community Medicine & Health Education*, vol. 3, 256, <https://doi.org/10.4172/2161-0711.1000256>.

Payne Carter, S.; Greenberg, K.; Walker, M. S. (2017). «The Impact of Computer Usage on Academic Performance: Evidence From a Randomized Trial at the United States Military Academy», *Economics of Education Review*, vol. 56, págs. 118-132, <https://doi.org/10.1016/j.econe durev.2016.12.005>.

Ríos Gutiérrez, J. A. (2023). «Por qué la gente se aleja de las noticias y desconfía de la prensa», *The Conversation*, <https://theconversation.com/por-que-la-gente-se-aleja-de-las-noticias-y-desconfia-de-la-prensa-208820>.

Rivas, S.; Albertos, A. (2023). «Potential Connection Between Positive Frustration in Family Leisure Time and the Promotion of Adolescent Autonomy», *Frontiers in Psychology*, vol. 14, 1258748, <https://doi.org/10.3389/fpsyg.2023.1258748>.

Rozanski, A.; Bavishi, C.; Kubzansky, L. D.; Cohen, R. (2019). «Association of Optimism With Cardiovascular Events and All-Cause Mortality: A Systematic Review and Meta-Analysis», *JAMA Network Open*, vol. 2, n.º 9, e1912200, <https://doi.org/10.1001/jamanetworkopen.2019.12200>.

Ruiz-Estigarribia, L.; Martínez-González, M. Á.; Díaz-Gutiérrez, J.; Sánchez-Villegas, A.; Lahortiga-Ramos, F.; Bes-Rastrollo, M. (2019). «Lifestyles and the Risk of Depression in the "Seguimiento Universidad de Navarra" Cohort», *European Psychiatry*, vol. 61, págs. 33-40, <https://doi.org/10.1016/j.eurpsy.2019.06.002>.

Teo, A. R.; Chan, B. K.; Saha, S.; Nicolaidis, C. (2019). «Frequency of Social Contact In-Person vs. on Facebook: An Examination of Associations With Psychiatric Symptoms in Military Veterans», *Journal of Affective Disorders*, vol. 243, págs. 375-380, <https://doi.org/10.1016/j.jad.2018.09.043>.

Teo, A. R.; Choi, H.; Andrea, S. B.; Valenstein, M.; Newsom, J. T.; Dobscha, S. K.; Zivin, K. (2015). «Does Mode of Contact With Different Types of Social Relationships Predict Depression in Older Adults? Evidence

From a Nationally Representative Survey», *Journal of the American Geriatrics Society*, vol. 63, n.º 10, págs. 2014-2022, <https://doi.org/10.1111/jgs.13667>.

Teo, A. R.; Marsh, H. E.; Ono, S. S.; Nicolaidis, C.; Saha, S.; Dobscha, S. K. (2020). «The Importance of "Being There": A Qualitative Study of What Veterans With Depression Want in Social Support», *Journal of General Internal Medicine*, vol. 35, n.º 7, págs. 1954-1962, <https://doi.org/10.1007/s11606-020-05692-7>.

Van der Weel, F. R. R.; Van der Meer, A. L. H. (2024). «Handwriting but Not Typewriting Leads to Widespread Brain Connectivity: A High-Density EEG Study With Implications for the Classroom», *Frontiers in Psychology*, vol. 14, 1219945, <https://doi.org/10.3389/fpsyg.2023.1219945>.

VanderWeele, T. J. (2024). «Hope and Rational Optimism», *Psychology Today*, <https://www.psychologytoday.com/us/blog/human-flourishing/202410/hope-and-rational-optimism>.

Varaona, A.; Álvarez de Mon, M. Á.; Serrano-García, I.; Díaz-Marsá, M.; Looi, J. C. L.; Molina-Ruiz, R. M. (2024). «Exploring the Relationship Between Instagram Use and Self-Criticism, Self-Compassion, and Body Dissatisfaction in the Spanish Population: Observational Study», *Journal of Medical Internet Research*, vol. 26, e51957, <https://doi.org/10.2196/51957>.

Villena Moya, A. (2025). *¿Por qué no?: Cómo prevenir y ayudar en la adicción a la pornografía*, Madrid: Planeta.

Wang, G. S.; Buttorff, C.; Wilks, A.; Schwam, D.; Tung, G.; Pacula, R. L. (2022). «Impact of Cannabis Legalization on Healthcare Utilization for Psychosis and Schizophrenia in Colorado», *International Journal of Drug Policy*, vol. 104, 103685, <https://doi.org/10.1016/j.drugpo.2022.103685>.

Werneck, A. O.; Hoare, E.; Stubbs, B.; Van Sluijs, E. M. F.; Corder, K. (2021). «Association of Mentally-Active and Mentally-Passive Sedentary Behaviour With Depressive Symptoms Among Adolescents», *Journal of Affective Disorders*, vol. 294, págs. 143-150, <https://doi.org/10.1016/j.jad.2021.07.004>.

Werneck, A. O.; Hoare, E.; Stubbs, B.; Van Sluijs, E. M. F.; Corder, K. (2021). «Associations Between Mentally-Passive and Mentally-Active Sedentary Behaviours During Adolescence and Psychological Distress During Adulthood», *Preventive Medicine*, vol. 145, 106436, <https://doi.org/10.1016/j.ypmed.2021.106436>.

Weziak-Bialowolska, D.; Bialowolski, P.; Lee, M. T.; Chen, Y.; VanderWeele, T. J.; McNeely, E. (2022). «Prospective Associations Between Social Connectedness and Mental Health: Evidence From a Longitudinal Survey and Health Insurance Claims Data», *International Journal of Public Health*, vol. 67, 1604710, <https://doi.org/10.3389/ijph.2022.1604710>.

Impreso en España